THE

joy of sex

目錄
contents

THE

joy

of

sex

新性愛聖經

作者 艾力克‧康弗 Alex Comfort、蘇珊‧薇蓮 Susan Quilliam

譯者 許佑生

dala sex 025

新性愛聖經
The New Joy of Sex

作者：艾力克‧康弗（Alex Comfort）、蘇珊‧薇蓮（Susan Quilliam）

譯者：許佑生

新版補譯：董紫儀、廖詩文、張嘉修、黃玉華

總編輯：黃健和

責任編輯：郭上嘉、呂靜芬

企宣：吳幸雯

美術設計：楊啟巽工作室

法律顧問：全理法律事務所董安丹律師

出版：大辣出版股份有限公司

　　　台北市105南京東路四段25號11F

　　　www.dalapub.com

　　　Tel：（02）2718-2698 Fax：（02）2514-8670

　　　service@dalapub.com

發行：大塊文化出版股份有限公司

　　　台北市105南京東路四段25號11F

　　　www.locuspublishing.com

　　　Tel：（02）8712-3898 Fax：（02）8712-3897

　　　讀者服務專線：0800-006689

　　　郵撥帳號：18955675

　　　戶名：大塊文化出版股份有限公司

　　　locus@locuspublishing.com

台灣地區總經銷：大和書報圖書股份有限公司

　　　地址：242台北縣新莊市五工五路2號

　　　Tel：（02）8990-2588 Fax：（02）2990-1658

　　　製版：瑞豐製版印刷股份有限公司

　　　二版一刷：2012年8月

　　　定價：新台幣 799 元

◉ 210 Chapter 4【調味篇】Sauces And Pickles

原作者序｜快活的性愛永遠重要

艾力克‧康弗

我是一名醫師、生物學家，對人類自然歷史與性歷史十分有興趣，內人便鼓勵我將生物學與醫學融合為一；而且在我唸過的醫學院裡，始終還沒有適用於性學這門課的書籍，更是促成我寫作這本書的動機。

《性愛聖經》的撰寫，還有它那些鮮明的插圖，都是在西方社會那套愚蠢的不成文法——「性愛官方機密法令」（Sexual Official Secrets Act）廢除後，才跟著解禁。在過去至少兩百年以來，性，這個家庭生活中最熟悉的活動，只要跟它有關的形容或描述，都被另眼看待地歸為不能說的祕密。比方十六世紀，羅曼諾（譯注1）畫出極具價值的十六種做愛姿勢，再配上阿雷提諾（譯注2）的詩作，曾遭受一位宗教領袖的嚴厲譴責，認為罪該釘上十字架。但一般民眾明顯地不以為然。阿雷提諾更說：「為何我們不能注視那些最能取悅我們的東西？」即使到了五○年代的英國，繪畫陰毛也只限於藝術表現範疇，而且必須是噴槍畫，這樣才可以降低對模特兒身體的聯想。

現代人從未經歷這種性知識嚴冬，所以假如性知識的流傳中斷了，也不懂得珍惜。我的前輩薛瑟博士（Eustace Chesser）寫過一本關於婚姻性生活的《無懼的愛》（Love Without Fear），雖已盡量低調，也沒配圖，當年依舊被起訴，但未成功。《性愛聖經》這本書在1972年出版之際，社會上仍相當疑慮是否會遭受思想警察干預，成為禁書。

「性的圖書療法」（譬如這本書）有個主要的目標，是要幫人們解除因罪惡、誤解與無知而受害的身心狀況。看樣子，這個身心修復工程應今日仍有其需要。我向不少人打聽過，主要是年紀稍大的夫婦，《性愛聖經》是否教給他們新的事物？或幫他們重新確認已經知曉的或已經做過，以及本來想做卻未做的東西？答案顯示，它已經完成上述兩項使命了。

如今，在許多民主國家，人們可以自由地閱讀、瀏覽性行為相關書冊與圖片，但這可是花了超過二十個年頭，幾乎一個世代的時光，才消除了好幾世紀的錯誤訊息。而那些開放的性題材，正是解放人們的憂慮、敵意之主因。當這本書的初版上市時，有些讀者已經做過書中描述的某些事物，現在看到了書中羅列的林林總總，又懊悔當初怎麼沒全部都來一遍。這我實在愛莫能助，就像人們曾因為老舊教條造成的性恐慌與壓抑求醫，但在

新教條出現後對性又不了解了，卻抱怨當初沒醫好是一樣的道理。

過去幾年中，性行為的改變可能並不大，這是因為性革命的力道與道德勢力的反撲在拔河，人們私密的行為因此受影響，有的更為坦然，有的卻更噤聲了。而避孕術的發明，則是當代性革命影響最大且意義深遠的事，它終於使生殖與性享樂可以分道揚鑣。而一些走務實路線的性主題書籍亦立下汗馬功勞，不只鼓勵性生活平凡的一般讀者，那些希望享受性愛並擔起責任的人；也協助了第一線的專業人員，那些過去曾受限於個人經驗而跳不出偏見，對輔導客戶使不上力的人。

近來，動物行為學興起，取代了心理分析學的理論，諮商人士才開始瞭解：性，除了原本的嚴肅意義之外，從遊戲玩樂中，更能獲得回饋（儘管他們的客戶也認同，但興致似乎不高）。孩子在玩遊戲時，從不會覺得不好意思，但成人直到今日，都還是會感到羞恥。其實只要遊戲不是基於敵意、殘酷、不快樂或侷限，就應該好好去玩。

性遊戲之所以重要，是它能夠傳達兩性平等的健康概念，因為男女皆可在遊戲中當主人；主動不再是男人的專利，而女人也不再只能扮演被動角色了。性的互動，有時是一種愛的融合，有時又不妨變成彼此的「性對象」——在性關係裡所謂的成熟，除了兩相平衡，而非否決的態度外，還包括生理慾望的激揚。

對缺乏上述觀念的人而言，遊戲就是最好的學習途徑。透過遊戲，男性將停止自大霸道，以及企圖把性當成表演的習慣；女性則掌握主導權，不再像之前那樣以「要」或「不要」回應。假如能做到這些，男人與女人必能碰出火花，成為最好的朋友。

自從初版之後，本書做了一些更動，往後也還會根據新知識的問世，繼續增修。唯一不變的是：在日常生活中，不帶焦慮、有責任感、快活的性愛永遠非常重要！因此人們需要正確、客觀中立的資訊。在過去，大眾對一些不安的少數族群採取打壓與限制，所以這方面的資訊能否流通，將是對社會關懷與自由最好的測試。

譯注1：羅曼諾（Giulio Romano，1492-1546），義大利畫家、建築家。十六歲時，他就成了拉斐爾的得力助手，受到米開朗基羅的影響，風格上追求出人意表的戲劇性效果，是風範主義的代表人物。

譯注2：阿雷提諾（Pietro Aretino，1492-1556），義大利作家，出版嘆詠性姿勢的詩章及《對話錄》（Dialogues）。

新版作者序｜性愛是美好的事

蘇珊・薇蓮

　　我是人際關係心理學家與性學家，終身都致力於透過自己的各項專業，協助人們提升其與情感伴侶、性伴侶之間的關係。因此，當《性愛聖經》的出版商邀我為二十一世紀的讀者「改寫」這本書時，就我看來，這不啻是貢獻自己畢生研究心得的寶貴機會。

　　我仍深深記得本書初問世時，我和朋友是如何在驚異與咯咯笑聲中閱讀、討論它，並將書中的建議付諸實踐。過去數十年中，我親身體證過書裡的真知灼見，我能肯定這是一本前無古人又振奮人心的好書。它自當時政治社會的變遷中誕生，更以鋪天蓋地之勢，扭轉了許多個人、伴侶以及整個社會對「性」的觀點。在1972年本書出版之前，史上幾乎沒有婦女嘗試使用避孕藥來控制生育。本書的面世增進了婦女的知識，令她們覺醒、解放並獲得自信，更意味著自由主義、性解放與社會開放時代的到來；同時也伴隨著縱慾、同居、離婚率提高、色情產品蓬勃，以及同志運動的紛湧迭起。

　　《性愛聖經》不僅是時代革命的產物，更是此一風潮的推手之一。艾力克・康弗博士寫作本書的目的，就是要提供讀者正確的性知識，並運用於生活中。書中關於性愛的描述與插圖，則是要讓讀者知道，性愛是再正常不過的事，也藉此提供讀者更豐富的性愛菜單。艾力克的主張獲得了相當大的支持──此書至今已銷售八百五十萬冊，並被譯成二十幾種語言。其影響之大，甚至主導了二十世紀末的社會變遷，更從此成為性愛新觀點的代名詞。

　　既然如此，為何還需要改寫這本書呢？原作者在世時原本就已針對初版進行多次修改，他辭世後，由其子尼可拉斯・康弗負責的最後一個版本，則成為本書問世三十年來最成功的版本。但《性愛聖經》的一再改寫，也代表它確實需要因應社會變化來進行更根本上的更新，這正是我的任務所在──為二十一世紀的讀者重新打造《性愛聖經》一書，去完成艾力克本人假使仍在世，也一定會去做的工作。

　　本書改寫後，大部分內容仍維持原貌，但我們也增補了許多新的資料。改寫的部分多半是資訊上的更新，因為在生理、心理、心理治療與醫藥等領域上，這些年來已增加了許多重要的科技新知，而「性學」的出現，更

是性愛史上的重大事件。它不僅引領了嚴謹的學術研究，更啟發了廣大群眾在性愛上的覺醒、增進了人們的性愛技巧。

伴隨著上述新知的出現，關於性愛，我們也需要更多不同的著眼點以反映社會現狀。人們對親密關係的認知已大不同於1972年，今日人們普遍都期望性愛是愛侶共享的事情之一，閨中樂事不再是從前人們所恥於論及的醜事，而是一件應該認真以待、值得追尋新知的樂事。由於女人不必再扮演被動的角色——不論是在閨房內或外，而這也正是出版社之所以選擇身為女性的我來改寫本書的原因。此外，人們現在也都知道，伴侶間的性生活是可以持續進行到老年時期的，而且性生活的品質多半還能持續提升。

性愛議題在上述的正向發展之下，許多當年無法預期的新問題也隨之而生。例如，迫於壓力而必須進行性愛、發生性關係後感到悔恨交加、因缺乏自信而認為自己不配擁有美好的性愛、懷疑自己的性愛經驗有所不足或不夠美好……，這些問題都伴隨著輕易懷孕、墮胎、性病之傳播而來。二十一世紀的今日，關於性愛，人們必須面對比從前更艱鉅的問題，仍有廣大未知的領域等待我們的探索。

這就是我們要為本書做修正的原因所在，然而我們所採取的撰寫角度——對性愛的務實、樂觀態度——則未有改變。例如原版所強調的堅定、樂觀信仰：性愛是正面且美好的事情，成年人皆有權利獲得相關知識、受到鼓舞，並以同樣正面的態度去面對它。捨去媒體上駭人的新聞報導不論，我仍深信原作者艾力克‧康弗所揭櫫的——性愛應該是，也可以是人生最純粹的愉悅。

我很享受本書的改寫工作，因為艾力克‧康弗與我的價值觀跟目標並無二致。我也跟他一樣期望把這些學術資料轉化為最淺顯易懂的知識，幫助人們做出更圓滿的決定，所以我們擬定並提供許多性愛技巧與實戰指南。我們都同樣反對任何強加於性愛之上的禁制，都期待見到性愛成為人類最純粹的娛樂，同時幫助我們成為更好的伴侶與個人。總結來說，我們想帶給人們的不只是科學新知、遙不可及的觀念或垃圾文章，而是關於性愛的智慧、體貼與「銷魂蝕骨」的美好經驗。

最後，我要用自己的話來總結並重述艾力克在他原序中寫的：我的目的與期望，是這本書「能讓一般人、想獲得更多性愛知識的人、渴望享受性愛並成為更溫柔負責的性伴侶的人從中獲益。」這是我們的肺腑之言，不論是1972年或是今日，都同樣真確。

我喜愛自己的身體，當它與你的身體同在時，
成了如此嶄新的東西啊，
肌肉變得更棒，神經則更敏銳；
我喜愛你的身體，
愛它所幹的活兒，以及如何去做的方式。
我愛去感覺你身上的脊椎與骨頭，
和顫慄、結實、平滑的質地。
我會一而再，再而三地親吻它們，
我就是愛極了吻你這兒，吻你那兒。
我愛撫摸你身上那些顫動、會導電的纖毛，
連同底下鮮美的膚肉……
還有灌注滿滿的愛的眼睛。

可能吧，我還愛
你在我底下的那份震顫。

康明斯，美國詩人

i like my body when it is with your
body. It is so quite new a thing.
Muscles better and nerves more.
i like your body. i like what it does,
i like its hows. i like to feel the spine
of your body and its bones, and the trembling
-firm-smooth ness and which i will
again and again and again
kiss, i like kissing this and that of you,
i like, slowly stroking the, shocking fuzz
of your electric fur, and what-is-it comes
over parting flesh... And eyes big love-crumbs,

and possibly i like the thrill
of under me you so quite new

  E.E. Cummings

前言│喚醒身體五感的性愛饗宴 On Gourmet Lovemaking

除了一些人有生理的限制外，若不以嚴苛標準要求，我們天生都具有能歌能舞的本事。如果你也這麼想，就能了解我們為何必須學習性愛之道。愛，就像唱歌，是天生本能。然而，即使芭蕾舞者帕芙洛娃（譯注1）與宮廷舞者，或歌劇家與理髮師傅隨口唱幾句間的差異，也都比不上性愛在今日與過去的懸殊落差。

現在，我們至少理解了這一點，所以像從前那樣憂慮性是一種罪惡的風氣已不再，如今多數人關切的是怎樣滿足性慾——你瞧，人類老是得找個什麼東西來操心。坊間有許多書籍在談論這些主題，主要的用途是要幫人甩掉「這樣正常嗎？」、「還有什麼可能性？」、「性體驗有這麼多花樣啊！」的諸多憂慮。求助性諮商的人仍然在努力克服基本困擾，而這些困擾在古老年代裡，都只能靠民間偏方。不過起碼，有了書籍的問世，給予讀者「你這樣做沒錯」的訊息，多少能移除些心中的大石頭。

但本書會有些不同，因為現在不少人已經擁有這方面的基本常識了，所以他們需要更實用的資訊，而非簡單的保證。

大師級的廚藝，絕非突然從天上掉下來，必須從了解怎樣準備食物，以及明白如何享受美食開始，他要對烹飪好奇，並願意克服麻煩來著手準備、詳讀食譜，慧眼獨具從中找出一、兩樣有用的細膩指導。想調好一盆沙拉醬，總不能只靠實驗或錯誤吧。好的性愛就像烹調——想獲得新手藝，便得勤做筆記，常與別人的優缺點比較，發揮想像力，多嘗試新花招。這些原則，也可以讓那些已經有相當美好性生活的人更上一層樓。

本書最初的用意之一，即在矯正一個觀念，這觀念來自於人們不敢去討論性愛，以至於連正常的性需求都覺得是古怪的。就一般經驗而言，所謂愛、性、性歡愉等，都沒有什麼規矩，只要你樂在其中，便沒有設限。多數人將以這種心態，來運用我們書中的主張，當成個人的伴侶手冊，並從裡頭獲得某些不曾想過的啟發。

也有一些頑固的實驗主義者，向來無所不試，他們會把本書當食譜來讀，逐項照抄，只不過性比飲食安全一點，畢竟你不會讓愛人因此罹患動脈硬化、造成肥胖，或患了胃潰瘍。頂多痠疼、焦躁與失望罷了。

在愛滋病出現之前，性大概是生理上最安全的活動了（除開社會上對性的一些負面輿論不談）。希望這種局勢能夠重新回來！你可以無限制地去品嘗各種滋味。但一

個人需要的是正常飲食，所以拿婚姻裡的性愛來實驗最適宜了。跟一般人想像的恰恰相反，一對伴侶在尋常的性愛中越是多多益善，就越能練就純熟的技巧。就像越常下廚，手藝自然更精進，越有能力料理出美味大餐。

最後，終於輪到我們要訴求的讀者。這些人有冒險精神，不受約束，並希望找出在性愛中享受的極限。這意味著他們把以下的事視為理所當然：赤裸裸做愛、花時間浸淫其中；有能力並樂於延長性愛，例如有時整個下午都用來做愛；擁有隱私空間與便利的清洗設備，而不用擔心性器官被吻了衛不衛生；不會只耽溺於單一項目，而放棄其他選擇；還有，當然囉，你們彼此相愛。

這本書是在談愛，也涉及性，就如標題所指。除愛之外，你不可能從其他地方享受到高品質的性，最好你們已經愛著對方，然後想要發生親密行為；或者，你剛好先有了性行為，才察覺對彼此的愛意；又或者，兩者皆是。以上的說法應無爭論。但就跟你煮菜時不能沒有火一樣，做愛也需要有來有往的「回饋」，作為燃燒的能源。這也許正是為何我們一向稱為「做愛」，而不稱為「性」吧。

性，是我們今日可以學習怎樣把人當人來對待的場域。所謂回饋，係指何時該停、何時該繼續；怎樣算溫柔、怎樣算粗魯；是勉力為之呢，還是燃燒起熱情，這些綜合資訊來自長期的互相了解、設身處地。任何人想跟陌生人發生這種親密互動，未免太樂觀了，所謂的「一見鍾情」並不可靠。

這本書是關於正確的性行為，加上一些它們為何能夠，以及怎樣發揮效果的解說。但這並不是一本字典，我們還刻意避開那些二十世紀啟用的專業術語，因為它們大部分已經過時。與其去解讀「自戀狂」、「虐待狂」的標籤，現代的生物學家與精神學家都寧可研究實際行為，找出箇中奧妙。

一大堆的名詞當然方便速記，不過也挺惱人的。尤其普通人一被貼上了某個標籤，聽起來就像得了什麼病。這樣一來，徒然成全了毫無意義的爭論，滿足某些收集癖者而已。

我們的文化（盎格魯撒克遜民族）幾世紀以來，對許多型態的接觸，如朋友間、男人間，以及在別的文化很自然的這些接觸，都抱持禁忌的態度，造成了我們身體的親密僅侷限在父母與子女、愛人之間而已。我們正在跨越這層障礙，至少在養育嬰兒和情人互動上已經有所改善。除了接觸的禁忌外，在我們文化裡還有某種固有成見，就是把玩樂與幻想，歸諸於「孩子的把戲」。

　　相較於別的文化，就算我們的標準目前已經是最寬鬆了，但相較於我們所主張的理想性愛，還是不算什麼。首先第一個問題，就是我們過分看重性器官。性，在我們的文化裡，似乎只表示「把陽具插入陰道中」。但我們全身的皮膚經由撫弄，就是性器官啊！關於此，可以參考莫里斯的精湛著作《親密行為》（譯注2），書中列出許多我們的困擾。而好的性愛，應該就是成人這些毛病的唯一藥方了。這些老舊文化多說無益，我們現在應該主動選擇一些與我們慾望相符的性愛菜單。

　　玩樂態度在性愛中非常重要，我們需要把它擴充。同時，也該計畫一下菜單，才能學習怎樣使用其餘的工具，包括全身皮膚表層、自我認同的情緒、侵略性，以及所有的性幻想需求等。幸好，人類的性行為彈性很大（它必須如此，否則我們就不會在這裡了），並適切地幫助我們表達出被社會與教養所壓抑的需求。對性，必須巧心經營，雖然這不太像社會定義的。但假如真的做到了，那會使我們更懂得把對方當「人」來對待。有些人認為刻意努力去改善性愛的機械功能，會取代了我們看待「人」的方式，以上思辯或可解答他們這些疑惑。

　　我們當然可以先來談如何改善性愛的機械功能，但能認識到我們是有血有肉的「人」，而非「機械」，恐怕才是最好的開端，這可能正是社會目前最能做到的。

　　依照我們的假設，性有兩種方式：一種是雙人協奏式，一種是獨奏式，而在兩者間有許多組合搭配。雙人協奏式，指互相合作努力，以同時達到高潮為追求目標；或至少分別達到高潮，雙雙盡興謝幕。老實說，這需要技巧，但能透過事前規劃的「愛情與遊戲」程式來協助，直到你們都能養成自動本能，一做就到定位為止。這算是性愛中的基本主食。

　　獨奏式，剛好相反，伴侶間有一人當樂器，另一人則是演奏家。後者的任務是盡一切本領，讓對方經歷最爆發、最驚喜、最狂野的愉悅感受，亦即讓對方魂飛九天。儘管看著對方狂野，但演奏家不會玩到得意忘形。反之，被彈奏的樂器就要徹底忘我。而有這樣盡情放開的樂器，以及手藝高超的演奏家，就組合而成一支動人的協奏曲了。如果能以完全失控收場就更棒了。

　　所有的音樂與舞蹈表演都包括──韻律、上場前的緊張、煎熬、甚至躍躍欲試的積極性，如同一位波斯女詩人在詩中所言：「我就像一名劊子手，不會讓他受折磨，而是賞他一頓快活的好死。」在獨奏式中，的確同時具備了這種積極性、折磨性的元素。這也是為何有的伴侶不怎麼領情，而有些卻死命做過頭。但任何一場較完整性的

性愛，多少都摻雜獨奏式的特色。

傳統的思維認定女方是被動的，認為是由男方扮演演奏家的角色，早期的婚姻指南更確認了這種分工。但今日則不然，女人本身就可以是一個獨奏式的高手，不是一開始就將男人挑弄起來，就是使出渾身解數全程操控他。

但其中，也有一個「非和諧」的情形，與真正的獨奏式相反。那便是一個人利用另一個人，只為了滿足自己，卻毫無互惠之心。有時為了特殊狀況，必須草草了事，人們可能會說：「這次你自個兒來吧！」但僅止於此，最好少來這套。

當然，我們不一定非得將獨奏式獨立出來討論不可。除它以外，還有許多性愛獨奏式——比如由女方採取主動的觀音坐台式就可說是獨奏式的一種——正如相互手淫或親吻下體就已經是最銷魂的雙人協奏曲了。即使最沉靜無聲的人，在採取獨奏式性愛時，也會產生最激情亢奮的反應。若由一個技巧嫻熟，不會因伴侶的癲狂浪叫而停止動作，卻又知道何時該讓女方稍事喘息的男子來彈奏性愛之歌，則女方將享受到一波又一波的高潮；但男子卻受到生理條件的限制，而只能擁有短暫的高潮期。

以獨奏式帶來的高潮，當然感受十分獨特，但它並不比兩人做愛時的高潮更多或更少，只是不同而已。我們聽過有些男女形容它：「僅僅感覺更尖銳，但不見得更豐足。」多數人若曾經驗過這兩種形式，都認為交互使用最好。獨奏式，也與一般人有時候做的那種自我挑逗、自我刺激很不一樣。至於想去解釋兩者之間的差異，就好比在描述酒類一樣，各有滋味。

當然，獨奏式的手法不一定非要跟性交分開。除了我們所說的獨奏式，還有很多種單項選擇，譬如兩個人的時候可以互相自慰、口交，女性落單時也可張腿自娛。這與「陰道高潮vs.陰蒂高潮」的爭論並無關係（此一爭論只是為了區別而區別，才對生理結構做出粗糙的劃分）。男人也能感覺到單向的情慾操作與二人性交間有所區隔，比方他可以從手指的觸摸、乳房、腳底心，或看著感受靈敏的女性耳根子被舔得酥軟，就能達到高潮（即使男性一向較屬於生殖器刺激的導向）。

單向操作術所引發的高潮可以使平常最安靜的人，歡愉到忘我。嫻熟的手藝，能讓一個女人體悟高潮迭起的經驗；也能讓一個男人在快射出之際，不斷地被挑弄忍精的能力，達到連綿不絕的快感。

高段的享樂不意味著一定要多元化，但經常要有變化。事實上，被固定一種性愛技巧綁死了，往往會帶來焦慮。本書並沒有大量介紹做愛姿勢一類的內容，因為這類

普遍的姿勢就算不親自實驗，也會在各種書冊、圖片中輕易找到。至於那些相當極端的姿勢，未必有啥優點，也不需大費周章。

以陳述的寫法來闡釋性愛，很難不一本正經，偏偏人們在床上所進行的活動，一點也不正經。事實上，在性愛自由的本質裡，還是少了一樣東西，那就是我們能自在地把性當作遊戲的能力。在過去，心理分析學對於「成熟」的界定，其實跟老古板的道德派該被指責是一樣的，因為他們總在認定什麼是「正常」？什麼又是「變態」？若以他們的定義，我們這些人依然很不成熟、充滿焦慮，以及侵略性強。

所有你想玩的花招，都可以用遊戲的心情，在床上來一遍。假如成人們可以盡量輕鬆地看待這些被指稱為「不成熟」的需求，便能大大地降低內心深處的焦慮；也可以順性而為，變成戀物癖者，不必擔心受怕，甚至還可以組成戀物同好社，不再感到孤立。

遊戲，是完整的性愛所具備的功能之一。比方說，六○年代的人那麼快樂，就是歸功於他們那副遊樂的態度。　不過，遊戲的主菜仍要回歸本位，即愛意充盈的、忘我的性交──那種為時很長的、三天兩頭就要的、多花樣的，並以雙方舒爽收場的做愛。但也不是拚命做到精疲力竭，連小小調情都應付不來，更不必提喘口氣後的「二次大戰」了。最具代表性的主菜，就是從日常生活中那股溫柔情意出發，以優良傳統、面對面的婚姻式進行，一塊銷魂虛脫。

其他特別的做愛方法還有許多種，其轉換也可以層出不窮。較為繁複的，不妨偶一為之；或為了早洩的男性，而設計出比較特殊的手法；或是其它較另類的花樣等等。它們就好比牛排大餐，一年犒賞自己一兩次，但不能天天當飯吃。

如果你不喜歡我們在書中推薦的戲碼，或認為它們並不適用，也無所謂。《性愛聖經》的宗旨，在於激發你情慾領域的創意。你大可以演奏自己的曲目，發展自己的風格。當你已經創造出自身的性愛綺想後，就不需要借重任何書本了。性的書籍僅能鼓勵你或你們去實驗，並提供參考技巧罷了，主要的發揮者與實踐者還是你們自己！

在滿意的性愛之中，除了明顯的前提：勿做傻事，或違反社會常理、具有危險性質的舉動 。還有兩條規則：第一，別做任何你根本無法享受的事情；第二，找出你的伴侶喜歡的方式，如果你能幫上忙，請勿吝惜付出。換句話說，一份施與受的良好關係，乃建立在妥協之上。就像去看戲一樣，假如你們意見一致，那很好；否則，便輪流決定，別令某一方總是在退讓。

　　這聽起來好像有點難，但做起來其實容易多了。因為，除非你的伴侶要的東西壓根使你倒胃，不然真心的愛人不僅能從自己的滿足感中有所獲得，也會因看見對方滿足而開心。

　　如果你發現性方面未受到足夠的重視，那就真需要打蠟上光了，而且也表示你沒有全力去使用你的性愛本錢，做為彼此溝通的橋樑。當人們碰上這類困擾，傳統上都是走捷徑，把表面灰撲撲的舊關係拋棄，再隨機挑選，與另一個人開展新的回合，以為「明天會更好」。殊不知這不僅造成情感上的虛耗，而且通常問題還在，你很可能會一錯再錯。

　　讀者中若有特殊族群，我們要在此給予特別的提醒：假如你是某一方面的殘障者，請勿放棄閱讀這本書。因為生理上的障礙，不該構成享受充分性愛的阻隔。根據多年對殘障人士的諮商發現，真正的障礙並不在於機械性功能的問題，常是某些觀念出錯，例如他們似乎認為只有特定的一種方式，才是「對」或「能享樂」的做愛行徑。

　　閱讀這本書的最佳方式，也許是你們一起從中找出可以實踐的項目，然後挑出你覺得有意思，卻未必做得來的，並研究一下你們是否能發展出對策。還有，跟另一對伴侶聊聊可能也有幫助，如果他們其中一位剛好跟你有類似的問題，便可以一起商討。我們建議伴侶可以一起閱讀本書，或分開來讀（這樣或許更好）。當你單獨閱覽時，先在詞句間標出你認為的要點，以提醒接著讀的伴侶多留意。這樣做，對那些無法輕易開口討論性愛，或擔心自己表達笨拙的伴侶們很有效。

　　接下來，就請你慢慢享用這套性愛全餐吧。

譯注1：帕芙洛娃（Anna Pavlova），蘇俄芭蕾舞星，其名字常與「垂死的天鵝」連在一起，因為這齣作品是著名編舞者佛金（M. Fokine）為她而編；也因為她以美麗的舞姿表現出天鵝如何安靜地接受死亡宿命，該舞劇在蘇俄與歐洲演出大獲好評。
譯注2：莫里斯（Desmond Morris），英國動物行為學家，除了以上提及的《親密行為》（Intimate Behavior）著作，還有一本《裸猿》（The Naked Ape）十分受到國際推崇。他曾經將人類的親密行為細分十二個階段：1.眼望全身，2.互相注視，3.聊天，4.牽手，5.摟肩，6.摟腰，7.臉的接觸──包括接吻，8.手和頭的接觸，9.手和身體的接觸，10.口到胸的接觸，11.手和性器官的接觸，12.性交。

Chapter 1   Ingredients

原料篇

溫柔 Tenderness

「溫柔」這個字，就是本書的精髓所在。它並沒有將那些極度暴力的遊戲排除在外（雖然許多人既不需要，也不想要它們），但本書不包括粗俗的、手勁過大的、缺乏互動回應的、懷有惡意的，以及缺少信任的行為。溫柔，在你們互相觸摸時，早已滿滿流洩了。從這些小動作，便可以發現你對另一半的感覺有所用心。

觸摸時，或輕或重，或快或慢，你總知道要如何讓另一半湧起愉悅感，這種溫柔與熟悉只有在對彼此細細用心時才可能發生。當然不能輕柔到讓另一半想要轉身睡去。許多男生，也有少部分的女性，因為經驗不夠而顯得笨拙。他們或匆忙，或焦慮，也許正是因為少了一份顧及對方感覺的同理心。

基本上，男人的皮膚比女性來得粗糙，所以請不要太用力抓扯女性的乳房，或是將手指直硬硬地插入女性陰道。對待女性肌膚要視若己出，再不然想像一下（這建議對兩性都適用），當你身體骨頭突出的部位撞到東西的感覺吧。輕柔，對絕大部分的女性而言，比粗重更能撩撥情慾，在陰部或體毛輕柔撥弄，比粗魯地抓擠來得管用。但也不要動不動就被嚇著了，你們兩個都不是玻璃做的。

女性和男性的情形時常相反，雖然不同程度的輕柔撫觸的確非常性感，但女性總是用勁不足，尤其是在幫男性手淫時，更讓對方覺得不夠力。輕柔地開始，善用每一吋肌膚，讓你們倆一塊熱起來。愛撫時逐漸加重力道，可以為性愛的刺激感加分，有時，連起勁的吹含動作都可以讓對方興奮不已（雖然不適用於全部的人）。興奮時的無痛感會在高潮來臨時迅速消失，所以只要他或她達到高潮時，就該立刻改回輕揉細撫，而不是繼續用力猛抓。

如果溫柔可以教得來，你也就不需要這本書了。假設你真的是個粗手粗腳的人，那麼找一個物品，在它表面上多練習手勁應該會有所幫助。男性陽剛的魅力是性愛的催化劑，但是這種魅力不應該透過笨手笨腳、粗魯的擁抱，以及暴力來展現，至少不該以此開場。

若碰到困難，雙方設法溝通還是最好的解決之道。少數的人就是不喜歡自己的枕邊人太溫柔，但多數人還是喜歡被輕柔地對待。最好的測試方法，就是看看你是不是能夠忍受睡醒時，身邊有他／她的存在。如果你當下的心情是喜悅的，那麼，你就找對人了。

溫柔

要讓另一半湧起愉悅感，只有對彼此細細用心時才可能發生。

裸體 Nakedness

如果兩個人想要好好地培養感情，衣服底下的課題——裸裎，便是一門必修課。有經驗的情侶不會一件件地將對方身上的衣物卸去，他們一開始便會脫得光溜溜，然後才把需要的東西往身上加。

裸體，不意味著毫無裝飾。女人可以將身上的衣服全部脫下，卻把她的珠寶掛滿全身。唯一要注意的是，如果手上戴著錶，可千萬不要夾到對方的皮膚、毛髮，或把對方給刮傷了。不過，穿戴珠寶是白天的遊戲，在夜裡，妳可不會想戴著它們入睡。

夜晚勾起人們做愛的情緒，這是人們喜歡裸睡的主因。有一點要注意，做愛之後，溫熱的身體會變得黏答答，如果有一方能穿件上衣，會讓兩個人比較舒服。

從前，人們會將裸體主義者與奉行著嚴苛的生活教條、洗冷水澡的宗教狂熱分子聯想在一塊兒。但是今日，感謝老天，人們已經有比較寬鬆的標準。裸體是自然，而不是宗教的儀式。

裸體風，在許多國家中都已經吹入了家庭。雖然裸體是件好事，但從我們多次提過的生物學觀點而言，裸體的父母可能會使兒童感到擔心與焦慮，所以父母的行為千萬不可以毫無分寸。

在自然、毫無邪念的情形下，裸體對人的確有正面的影響，例如小男孩會知道並不是只有爸爸的雞雞比自己大，而是所有大人的雞雞都比自己的大，有一天，小男孩自己也會長大成熟。

在成人之間，如果卸下心防，將競爭長短大小的心態摒除，裸體可以讓人十分放鬆。研究顯示，在習慣裸體的環境下長大的孩子，將來面臨到關於性愛的選擇與決定時，會更有責任感。

你可以去找一家裸體俱樂部，試試裸體的滋味，至少這些地方提供了一些必要設施，以及家中缺少的氣氛。

裸體
裸裎相對，是對彼此認真的伴侶間，最自然的狀態。

女人的叮嚀 Women(by her for him)

和男人一樣，女人當然也有直接的生理反應，只是表現的方式不同（紳士們，請從乳房和肌膚開始，而不是一出手就抓向我們的陰蒂），別老想抄捷徑，那是行不通的。

和多數的男人相比，女人對於性伴侶的身分和表現非常在意。和男人不一樣，我們性慾被澆熄時是看不到的。男人看不見我們「軟掉」，所以搞不清楚狀況的男人常把性愛當成在料理速食麵，甚至還會忘了加調味包。

女人並不是對裸體或情色等事物毫無反應，和男人的不同大概在於，那些東西在女人的性愛中並不是最重要的。不知道這樣說對不對？男人們可以在短短的半小時內便和一個幾乎陌生的人搞起來，並達到高潮。但請不要以為你可以對愛你的女人做同樣的事，做完愛後倒頭就睡。我說的一點也沒錯，男人們總是如此。

女人似乎不像男人，天生就可以被特定的事物撩起性慾。不過，一旦我們發現自己在意的男人有了反應，也可以很快地用自己的方式傳達身體的反應。這種機制讓我們變得不那麼拘謹，也可以依曾有的經驗隨之起舞。

很多時候，如果女人表現得含蓄，那是因為我們很怕會對那個特別的男子做錯事，譬如在他忍住射精的關頭碰觸他的陰莖。男人們到底了不了解我們女人的手足無措？陰莖對我們來說可不是「武器」，頂多就是一件和男人共享的東西而已——它的個性、那不可預料的擺動，還有它撩起情緒的功能，對我們而言，都遠勝於它的長度。

另一件重要的事，就是溫柔與勁力交融。力道在性愛中，的確能加溫；但笨拙的蠻力（像是手肘打到眼睛、扭到指頭之類）只會壞了好事，粗手粗腳是行不通的。然而，那種讓人亢奮的激烈性愛，也不一定會讓人鼻青臉腫，重點就在於能不能控制力道，以及有沒有本事「溫柔的使用暴力」。

有人會問：「到底該輕，還是該重？」這沒有具體答案，它牽涉到你必須能夠察覺到性愛情緒中快速的變化，並依此調整。這不是不可能，因為有些人的確能做得到，他們能從女人的反應中做出正確的判斷。不要再被「誰該為誰服務」的問題困擾了，事實上，這早就是不合時宜的觀念了。如果一個女人對男方的服務覺得舒服，她大可以慢慢享受；如果她想要掌控大局，也未嘗不可，女方甚至還能從男方的受制反應中，獲得另一番刺激。

女人和男人相比，並沒有比較自虐，如果她們過去有過這種表現，也是社會壓力造成的。就算她們喜歡玩SM，也不會在每次做愛時都穿著帶刺馬靴，並揮舞著皮鞭登場。男人在SM的遊戲中就可以發揮其優勢，積極貢獻（他們也可以引發出女方的野性）。人們多多少少都帶點攻擊性，好的性愛可以狂野激烈，但絕不殘酷。些許的驚嚇感，對某些人會有相當程度的幫助。

就性別平等而言，如果沒有將另一半視為有同等位的人，那他不可能成為好情人，這正是性別平等的精義所在。

女人的嗅覺比男人更銳利。不要過早就沉浸於男性氣味之中，在高潮來臨前，才是體味接觸的好時機。女人的體味，跟男人的一樣，都能令自己興奮。

男人喜歡的手淫和口交方式，有著極大的差異。有些人喜歡粗重用力，有些人卻只喜歡被輕柔地對待，其他人則介於兩者之間。除非她問你，或是你自己告訴她們，不然女人無法了解你的喜好與感受。你可以決定要不要告訴她們，否則你可能得到相反的服務。

有些男人非常被動，或很沒有想像力，或是過於壓抑，我們碰到這樣的男人就不會特別積極了。也許長久以來，我們就渴望做些特別的事，但也常希望落空，導致大多數的時候，我們不敢表現出來。所以，只有在伴侶能享受性愛時，女人才能享受性愛。更重要的是，對於那些不解風情的男人，她會很生他們的氣，因為他不但自己無法享受性愛的美妙，還把她給拖下水。

最後，男人千萬不能一招半式闖江湖，因為女人性器官的複雜性（乳房、皮膚等都和陰部一樣重要），使每個女人都各有差異。所以絕對不要以為，你們不需要彼此重新學習。女人在認識新的男人時，也同樣需要重新學習，只不過沒那麼費功夫。

男人的叮嚀 Men (by him for her)

男人們總希望女人在性方面和他們有一樣的感覺和反應，可惜事與願違。男人對性的反應更活躍、也更自動，隨便一點小事就可以讓他們子彈上膛，就像是把銅板投進販賣機一樣簡單。結果常是，男人見色心喜，卻讓許多女性覺得自己不過是個引發性慾的物品罷了。要知道，男人最愛的還是妳們的全部，不過男人卻得經由妳們的衣著、乳房、氣味等，來激起

男人的叮嚀
對男人而言，理想的情人必須擁有「性愛的本能」。

性趣與傳達愛意。這點，女人們大概很難能理解。

再者，不同於女人全身肌膚都很敏感，絕大多數的男人對性的感覺集中在陰莖的頂端。男人在性交時，必須要勃起才能達到射精的高潮，因此不可能在中途表現得「柔軟」。這一點對男人在性愛方面，不管是生物性或是個性方面，都有著重大的影響。這也解釋了為什麼男人在性愛中是那麼地以陰莖為中心，也比較偏好生殖器的撫弄。很多時候，也許妳都還沒準備好，或是還在培養情調時，男人便想要攻池掠地了，那是因為男人就是靠那地方來讓他進入性愛的情緒。

男人和女人要了解彼此在性愛上的不同。女人覺得自己被物化的心情，其實並不客觀。基本上，女人和她們身上的每個部位在做愛時的確很性感；而男人們其實也樂得成為女人的俎上肉，也喜歡被女人視為物品。

所以在性愛中，女人要能控制這種被物化的心情，進而引導性愛的進行——開始你們的遊戲，主動握住他的陰莖，在他下指令前就先奉上輕輕的吻，扮演一個主導者，好好地運用讓他血脈賁張的能力與本錢。這真是一

言難盡，我們姑且稱之為「性愛的本能」，一門能在性愛過程中，感受與掌握另一半的藝術。總之，男女對性愛的反應不同，男性容易被實質的事物激發性慾，但女性的情慾卻常需要浪漫的情境與氣氛。

　　先不談個人的特殊情況，男人就是喜歡看美女，就是需要插入。男人需要的是女人有技巧的引導，而不是些可能讓他們失去性趣，勉強而來的做作氣氛。

　　真正有技巧的女人既能撩撥男人的慾望，又可以點燃自己的慾火，讓兩人盡情享受。女人的性慾的確不像男人一樣容易被挑起，所以，如果能夠培養自己跟男性一樣由視覺引發性慾，像是見到陰莖、毛髮，或是看到猛男秀會變得很興奮的本事，對雙方的性愛互動會更有幫助。

　　女人需培養這種能力，正如男人也需培養製造情調的能力一樣重要。對男人而言，理想的情人是主動的，能了解他們的反應，在床上讓自己滿足，也可以把男人玩弄於股掌間的女人。

激素 Hormones

激素（或荷爾蒙）是性愛裡的燃料，能不斷激起情慾、維持床笫間的表現，更是驅動情愫與愛意的能量。它總是不斷地左右著我們的情緒，支撐著愛侶們因熱戀而產生的性慾。

另一方面來說，人體的高峰期和低谷期都會影響惡荷爾蒙的分泌。跟性有關的激素，最重要的是睪酮素，男女皆然。男人在二十到三十歲間達到高峰期之後，睪酮素的分泌會進入一個較為平穩的曲線。在一段長期的伴侶關係裡，這個曲線會逐漸下降，等到出現新對象時又會再次上升，這也許是導致出軌的因素之一，但別把它當成藉口。隨著年齡增長，男人的睪酮素分泌會漸漸趨緩，但幅度通常不會大到造成困擾；如果勃起功能出現障礙，最好就醫解決，而非消極的放棄。

睪酮素同樣能提升女生對性的渴望、需求與活動力。生理期的第20-28天，荷爾蒙分泌得最旺盛，這時可以嘗試較為激情、狂放的性愛。到了更年期，女人的雌激素分泌會開始降低，睪酮素卻依然旺盛，她會發現自己時常「性致」高昂，這種感覺通常持續好幾個月甚至好幾年，彷彿經歷了第二次的青春期。

其他跟性相關的激素還有：催產激素（Oxytocin），也就是所謂的「抱抱激素」，它能使伴侶產生情感上的連結，較少情慾上的聯想——或許這就是為什麼愛侶們在高潮過後會先抱在一起，而非立刻再戰一回。

另外，高潮時還會釋放出一種令人想要「收工下班」的泌乳激素（Prolactin），這可以解釋為什麼許多人，尤其是男人，做愛後就立刻倒頭大睡；哺乳時也會釋放泌乳激素，這是造成產後婦女性冷感的原因之一，避孕藥、哺乳、壓力都會使女人內分泌失調，造成性冷感。

千萬別被激素控制了，它們或許能夠影響你的心情，卻無法支配你的行動；若是有清楚的觀念、互信的溝通，並為了性愛排除萬難，就足以應付荷爾蒙失調所造成的影響。

前面提到的，是為了讓你更了解激素是如何在身體內作用的，就像修車技師得明白引擎的運作原理，才知道如何讓車子發揮最佳效能，但若「引擎」真的出了什麼問題，請諮詢你的醫生吧。

性向 Preferences

　　有些人對於同性和異性都會產生性反應，而這樣的人，比我們想像的還多。的確，很多人從小就很確定自己的性傾向，但青春期的青少年在確定性向前，可能會嘗試不同的經驗，而成年人則對那些經驗抱持著幻想。

　　對異性戀者來說，跟同性做愛絕對是性幻想排行榜的前三名。有些人就能在現實生活中體現這種夢想，丹麥童話作家安徒生就是個令人出乎意料的例子。就長遠來說，性傾向是一種無法被推翻的選擇；或許你對異性和同性都喜歡，但你若非雙性戀，面臨激情場面時，就能發現某個性別對你就是不對勁，更沒有商量的餘地。

　　如果你偶爾會懷疑自己的性向，對異性也沒有明確又強烈的慾望，並不代表你就是同性戀，有可能只是還在好奇。但你若是對同性有強烈而肯定的慾望，可別一個人痛苦掙扎，而是該找人談一談，打通電話給同志諮詢熱線，並不會讓你被說服成同性戀，而是聽聽跟你有過同樣疑問的人的意見；而他們已經替自己找到答案。一旦你也找到答案，不只是你的性生活，而是整個人生都會有所改變，讓你終於可以釋放熱情，原本跟異性做起來會很扭捏的事，現在可以更自然又滿足地和同性分享。的確，性愛的歡愉來自認清真實的自己。

　　比起本書當年剛初版的時候，很令人高興地，上述的種種在現今大部分的國家都已不是什麼「問題」了；然而在文化上，非主流的性傾向在大多數的社會裡依然飽受爭議，甚至以法律或宗教的力量來撻伐打壓。但無論如何，我們始終相信性向是個人的決定，與他人無關，人人都應該在免於恐懼或壓力的情況下，自由地選擇心之所好。如果你欺騙自己，不過是把生命浪費在扮演一個虛假的角色罷了。如果你有伴侶，更是浪費了他們的生命，對方一定能感覺事有蹊蹺，只是無法確切地指出來。無論你的性向為何，請對自己和所愛的人誠實。更不要認為把自己的性向強加到對方身上，就能把他「治好」。

　　這本書雖然是寫給異性戀讀者看的，但無論是什麼性傾向的愛侶，都能從中獲得一些值得採納的資訊。在你至少試過一次之前，先別武斷地排除（或妄下評論）任何事。

信心 Confidence

　　毫無疑問地，你對自己越有自信，就越能夠享受性愛，如同心理學中的「自我應驗預言」。

　　但自信並非自負，狂妄地以天之驕子自居只會令人性趣全失，尤其是對女人而言，她們知道這種唯我獨尊的男人，才不會花時間學習，讓自己變得更好。

　　而另一種極端，是毫無自信的人，能在這種關係裡得到滿足的，只有那些十分願意付出、照顧人的伴侶，要長期應付他們的不安全感，無論在房事或生活上都會相當令人費神。

　　真正在性方面有自信的人，會讓人覺得放鬆，他們了解自己，也願意了解對方的需求，更樂於主動表達，在嘗試失敗或遭受拒絕時也不會有所動搖。這些特質能成就一個完美的性伴侶，因為他在施與受之間都能充滿歡愉。

　　這種自信跟外表無關。時至今日，幾乎所有的女人，以及越來越多的男人，都擔心自己外表不夠完美而被拒絕，這都是媒體操弄身體印象的結果。若是你不愛自己的身體，你得換個心態；若是你的伴侶不愛你的身體，你得換個伴侶。

　　女人要知道：男人把重點放在性的官能享受和做愛時的被接納感，而非妳的胸部大小、形狀或緊實度；若你們穿著衣服時曾相擁過，那他早就知道妳的尺寸了；若他因妳赤裸的身體而勃起，那他不僅接受了妳的體態，更充滿了慾念。

　　男士也必須知道：放輕鬆，女人幾乎不在乎陽具的大小。但對男人來說，還有其他因素會造成不安。相較於女性，男人的性能力是以一種相對明顯的方式展現的。報章雜誌等媒體灌輸給他的資訊都告訴他：如果表現不佳，就一定會遭到拒絕。

　　若是單純就勃起問題而言，總有其他替代方法，而且，這個狀況如果只是偶爾發生，大多數女人是不會介意的。若是每次到了床上都很緊張的話，解決之道就是，只和你可以放鬆的對象上床，然後再試試看。一如所有的人類行為：透過遊戲，進而熟能生巧。

　　無論你的尺寸大小、經驗多寡、能力優劣如何，一場美好的性愛，總能使人信心大增，因為注意力完全集中在彼此身上，若是能再給對方一些由衷的讚美，表達你的愛意，而不提任何比較，即能成就一個美妙的夜晚。女人會說：「親愛的，嘴巴甜一點，接下來一切都好談」；那男人呢，他們會用不同的字眼講出相同意思的話。

體香 Cassolette

　　Cassolette，在法文裡是「香水盒」的意思。體香，是清潔的女性身上自然的氣味，也是女性除了美貌之外的第二大性資源（對某些人而言，體香甚至比外貌還要重要）。

　　體香，是女性身上氣味的綜合——她的頭髮、乳房、肌膚、腋窩、陰部和身上所穿衣物的味道。女性身上的體香獨一無二。

　　雖然男人身上也有能讓女性察覺到的自然氣味，但女性卻不會和男性一樣對體香瘋狂著迷。女性頂多只能判斷自己是否喜歡男伴身上的氣味罷了。通常，女性還會注意到男人身上的菸草味。

　　因為體香實在太重要了，所以女性一定要像珍惜自己的容貌般，用最大的努力來保護自己的體香。也要能像運用身體其他部位一樣，技巧性地運用自己的體香來吸引對方。抽菸對體香並沒有好處。

　　體香能讓男人在不知不覺間就深深地對妳著迷，而一些嗅覺靈敏的情場老手也可以從體香判斷眼前的女性是否興奮。

　　人們對嗅覺的感知不盡相同。有的人天生就聞不出氰化物的味道，而有些嬰兒就算眼睛還看不到，也能藉由氣味來辨識擁抱或觸摸他們的人；有些女人能聞到自己懷孕的氣味。而男人們，除非注射女性荷爾蒙，否則他們無法聞到某些和麝香有關的氣味。

　　有一種神奇的生物嗅覺機制等著我們去探索。人類的愛、恨，可能建立在對彼此氣味的認同上，而非文化的差異。許多人，尤其是女性，承認當她們不確定是否要和對方發生進一步的關係時，便會讓鼻子來做決定。

　　女人的嗅覺敏銳，但男人才是對氣味迷醉的動物。在做愛的過程中，氣味也會依照著一定的程序改變。

起先是皮膚的氣味，接著是女性陰部的氣味，當男方插入後，又會出現一股不同的氣味，精液的氣味則會在雙方的陣陣顫抖中出現，刺激著下一回合的開始。

在男性親吻女性陰部時，一開始可以先用嘴唇將陰戶蓋住，接著再用閉上的雙唇輕刷其上，最後才將陰唇撐開。而女性在幫男性口交時，也可以用同樣的方式進行。在開始愛撫女性之前，這個方法可以讓你感受到女性的真實存在。

體香
女性身上自然的氣味，也是女性除了美貌之外的第二大性資源。

外陰 Vulva

　　亦稱陰戶,這是女人性器官的外部,相當於男性的陰囊及陰莖表皮。女性主義藝術家朱蒂‧芝加哥(Judy Chicago)在作品《晚宴》(The Dinner Party),展現了陰戶的不朽之美;39副女陰的意象,代表39位傑出的女人。陰戶,你可以撫摸、吸吮、擠捏、舔舐它,或是以按摩棒輕柔地刺激它,從一邊上去後,由另一邊下來。女人的會陰跟男人的一樣敏感,可以用手指輕輕的撫弄。還可以用指節或陰莖,以畫圓的動作按摩陰蒂與陰道之間的U點(參見「高潮點」),如果用未勃起的陰莖來做這個動作,則會有不同的感受。若是她正處於高潮後的敏感期,這招可以讓她再次登頂。

外陰
你可以撫摸、吸吮、擠捏、舔
舐它，或輕柔地刺激它。

　　妳或許對自己陰戶的外觀，譬如顏色、厚度、大小等等，感到不甚滿意，但可別忘了，我們平常看到的那些性器官的影像，都是修飾過的。

　　如果發現陰部有隆起、腫脹、紅疹或是感到疼痛，則需多加注意。當今流行的外陰唇整形手術，其實是對身體的一種殘害，在一些不若我們這般原始的文化裡，女性反而主動將自己的大陰唇撐大，然後自豪地將它疊成有如摺紙的形狀呢。

陰道 Vagina

女性的陰道和男性的陰莖同樣神奇，但有些男人對陰道會有恐懼感，還好，當他們和女人逐漸親密之後，成見很快就會消失。

保守的人們對女陰的態度，有如對待洪水猛獸。巴布亞族（Papuan）的巫師曾說，女性的陰部就像人類的手指，具有神奇魔力。歷史上曾經出現的那些打壓女性的現象，就是出自於潛意識裡對女陰的懼怕。

女人的整個陰部都很敏感，但那些傾向於用陰莖思考的男性卻怎麼也不懂，每次都匆匆忙忙地向陰蒂進攻。情侶們應該從觀察對方自慰中，學到如何取悅對方。畢竟還是有少數的女性在性愛一開始時，就喜歡自己的陰蒂被強烈的刺激。

正常的情況下，陰道會有些微濕潤。有些女性在走路時，還可以感覺到自己的陰部在唧唧作響；潮濕的程度會因為不同強度的刺激，而有不同的濕潤反應。有些女人在高潮之際，還會有射精反應，但這情況並不常見。（參見「高潮點」）

如果內褲上出現污點，或陰道有異常分泌物，表示受到感染，需要接受治療，記得，每年都要做子宮頸抹片檢查。健康女性的陰部氣味會因人、因時而異，但總能讓人覺得愉悅，並撩起性慾。

關於保養和照顧，建議不要用灌洗法，那反而會破壞內部的酸鹼平衡，造成感染發炎。只要是健康的陰道，都有自我清潔的能力。

不論妳的愛人是否曾經用手指、眼睛、舌頭仔細探索過女性的陰部，讓他好好地在妳身上探索一番吧。請他學習如何親吻妳的陰部——妳那比他多出來的兩片唇瓣。

陰蒂 Clitoris

本書初版時有過這一段話：「精蟲衝腦的男人，都喜歡直接進攻陰蒂。」現在我們都知道，這樣的男人做得一點都沒錯；男人的陰莖，就等同於女人的陰蒂。

澳洲泌尿科醫師海倫・歐康納（Helen O'Connell）的研究指出：陰蒂的體積大小（包含外露的陰蒂頭，以及隱藏於骨盆腔內的大部分組織），大小

和未勃起的陰莖差不多。陰蒂的勃起組織也跟陰莖完全相同，除了有類似陰莖的柱狀組織，小小的陰蒂頭跟龜頭一樣有包皮，但末稍神經的數量卻是陰莖的兩倍。

或許是對陰蒂的無知或質疑，社會從未給予它和陰莖等同的象徵意義。然而，稍有知識的人就知道，所謂「牽一髮則動全身」，陰蒂正是啟動整個陰部愉悅的開關。好萊塢女星卡蘿・雷芙（Carol Liefer）說得更簡單：「跟女人做愛就跟買房子一樣，『挑』對位置最重要！」（參見「挑弄陰蒂」）。

令人遺憾的是，有一些文化（其中也包括西方文化）到現在還會施行割除手術來治療所謂的「婦人病」。

談到陰蒂在高潮中扮演的角色時，去爭辯贊成或反對外陰自慰根本毫無意義；只要願意，人人都有權利以任何可能的方式體驗高潮。

值得一提的是，大多數的女人在做愛時都無法達到高潮，但在對陰蒂進行自慰時，高潮率幾乎百發百中。畢竟，陰蒂是人體唯一為了享樂而存在的器官啊。

陰阜恥骨 Mons Pubis

這部位就是包覆於女性恥骨外部的柔軟肉墊。陰阜恥骨，在男女性交的過程中就像是一個緩衝墊，它更重要的功能是：觸動這個部位，可以將性興奮的感覺傳遞至身體的其他部位。

許多男人不知道這個祕密，當直接逗弄女性陰蒂的把戲逐漸吃不開時，其實只要用手掌輕輕地將這個部位罩住、揉捏、晃震，許多女性便可以高潮。這招能單獨使用，也可以與刺激陰部的方法一起使用。（參見「陰毛」）

你可以用手抓揉陰阜恥骨（和手掌一般大小），也可以在用手指挑弄陰唇的同時，將手掌的底部置於此；你甚至可以將整個陰戶與陰唇用手團團覆蓋。練習看看，你就會知道這樣做，能為你的女人帶來多大的快感。

乳房 Breasts

　　達爾文曾說：「即使成年人見到狀似乳房的東西，也會心生喜悅，如果該物品體積不大，我們還會有想去吸含的衝動，就像是小時候在母親懷中一樣。」

　　乳房雖為第二性目標，但卻是我們生下來最先接觸的人體器官。不論男女，乳房都會敏感，但程度因人而異；就跟其它的性器官一樣，乳房的尺寸一點也不重要。在對乳房的挑逗上，人們有不同的喜好，有人喜歡溫柔的撫弄，有人喜歡狂野的擠捏，也有人對此毫無反應。

　　用舌頭或龜頭在乳頭周圍畫圓，用雙手柔軟地輕撫，像個嬰兒似地輕咬或輕吮對方的乳頭，都是不會出錯的好方法。女性也可以用同樣的方式取悅男伴，再加上手指頭的搓揉。不過別忘了，男人的乳頭可能很容易感到疼痛。

　　另外，如果女方的胸部大到可以相碰，乳交或許可以為兩人帶來驚喜。乳交也是女性不想被插入時的替代方案。

　　讓她半平躺在枕頭上，你跨跪在她身上，將你的包皮退到底端。你們兩人中的一人扶住女方的乳房，將乳房靠攏，把陰莖整根包住，而不是用它們摩擦龜頭。

　　男方應該可以順利挺進陰莖，挺進時龜頭會通過乳房，到達女方的下巴附近。乳交能帶給女性的高潮（如果她能從這個姿勢中得到高潮的話），是從內部引發的全面性高潮，和陰莖對陰道性交帶來的高潮一樣。另外，女性也可以從對她乳房的吸舔、抓握中，得到另一種沒那麼強烈的性高潮。射精後，你可以將精液在女伴的胸前抹開。（參見「精液」）

　　對部分的女性而言，一旦開始性交，乳房、陰道和陰蒂便會對性刺激產生快速且集中的反應。

　　少部分的男性也可以藉著刺激乳頭達到高潮，用羽毛輕刷男性的乳頭也值得嘗試。許多敏感的女性可以從哺乳的過程中，得到一種特別的喜悅。

乳房
乳交是女性不想被插入時的替代方案。

乳頭 Nipples

　　女人說：「和男人的乳頭不同，女人的乳頭有條連結陰道和陰蒂的線路，只要抓到要領，肯花時間啟動它，接下來就好辦了。看你是要用掌心輕撫、睫毛刷弄、舌頭舔舐，還是像嬰孩一樣大聲吸吮，都有無盡的妙用；這些動作都能帶來令銷魂的高潮，絲毫不減接下來性交的享受程度。請在這部分多下功夫吧」。男生這麼做的同時，也會感到一股十分特殊的亢奮。要是女伴真的泌乳，那就更挑逗了，吸吮女伴的乳汁，樂趣會比你想像得還要多。

　　相較下就，挑逗男人的乳頭，效果就沒什麼大，很少男人會因此達到高潮。可以試試用一對硬羽毛（參見「羽毛」）來刺激，或以指尖輕輕揉捏。但男性的乳頭很容易因過度刺激而疼痛。

　　若是進攻乳頭效用不大，試著再多弄一會，或許會慢慢見效；也可以用牙刷輕柔地在上面畫圈圈。雖然還無法證明咖啡因有助於讓乳頭暫時變敏

乳頭
啟動全身敏感地帶的開關。

感，但還是值得一試。在月經期間，荷爾蒙失調可能會使乳頭的敏感轉為不適感。若出現發癢、腫脹、出血、甚至分泌異物的狀況，請趕快就醫。

　　你的伴侶如果喜好痛感、想來點刺激的，可以先輕捏他的乳頭，然後突然加重力道（別在乳頭有傷、泌乳中、或是剛穿乳頭環後進行）。重點在達到痛感與快感的平衡點，壓力一旦解除，全身會呈現長達數個小時的疼痛敏感狀態。如果感覺還不錯，就可以進一步使用乳頭夾（別用無法調整鬆緊度的曬衣夾）；甚至用鍊夾同時夾住兩人的乳頭，能在任何有輕微拉扯的動作時，帶來絕妙的快感。

　　取下夾子時，請先用手指捏住乳頭，然後慢慢放開讓血液回流。這種小遊戲最好有個時間限制，通常十五分鐘就夠了。

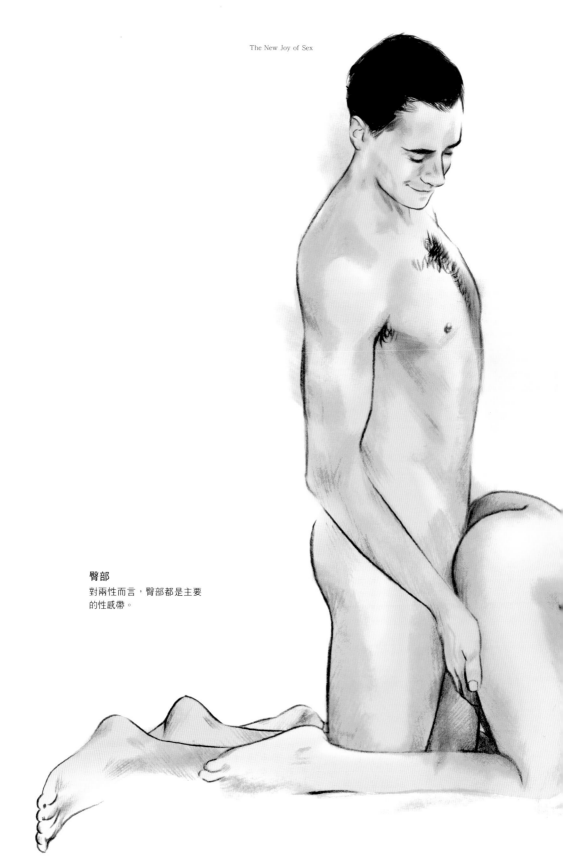

臀部
對兩性而言，臀部都是主要
的性感帶。

臀部 Buttocks

　　順著乳房而下，我們來看看臀部。許多人都認為臀部的另外一項功能是激發性慾。和人類十分類似的靈長類人猿也有著色彩鮮豔的臀部。事實上，從石器時代的早期人類遺址中發現的一些小陶偶，我們發現先民對臀部的大小並沒有特殊偏好，倒是在晚近的部落中，「人們會讓女人站成一排，從中挑選臀部性感突出的女人。」（出自達爾文）

　　對兩性而言，臀部都是很重要的性感帶。它不像乳房一樣敏感，因為它包含了肌肉與脂肪，所以需要一些強烈的刺激（握、揉、拍，甚至是重力摑打。參見「鞭笞」）。

　　從女體後方進入的性交方式（參見「後入式」），可以讓女人享受撞擊臀部的愉悅感，但背部脆弱的女人則需注意安全。不管採取何種姿勢，性交時的動作皆可刺激到雙方的臀部，如果兩個人能以適當的力道，用手握住對方的兩瓣臀肉，可以帶來更大的刺激。

　　臀部的歡愉感受，值得我們多加開發。從視覺的角度而言，性感的臀部對兩性都極具性吸引力。

陰莖 Penis

陰莖，身為男性的重要配備，即使人們經常將陰莖形容像個「工具」，它卻比任何人體器官更具有重要的象徵意義。

在這裡，不需要討論關於陰莖的種種象徵意義。我們只能說，愛侶之間會慢慢地發現陰莖的意義，而且會將男方的陰莖當作兩人之間的第三個生命。有時，陰莖像個有威脅性的武器，有時卻又像個孩子。如果不從心理學或生物學的眼光來評判，將專屬於男性的陰莖視為兩個人共有的寶貝，倒是個好主意。這種將陰莖與親密伴侶分享的觀念，可以幫助男性認同並發展自己在性愛中的角色，並培養良好的調適性。

陰莖的質地，昂然勃起等現象都能讓兩性沉醉，但陰莖不聽主人使喚的特色，卻又讓人不得不提高警覺。人類的陰莖比其他靈長類動物都大得多，這是演化的結果，演化成因包含了複雜的心理因素。因為陰莖不只實用，也是具美感的器官。

正因陰莖如此重要，所以人們流傳著各種軼事，卻也對陰莖有著焦慮的心情，許多像是變魔術的陰莖增大術也由此而生。男人傾向把自己的自尊、自信建立在陰莖上，這兩者之間到底有什麼關連呢？如果男人的陰莖運作不良，或更糟的狀況發生，甚至那話兒被女人挪揄一番，都會對他造成極大的傷害。這也解釋了為何男人們總是瘋狂地重視陰莖的尺寸。

雖然有些女人對巨大陰莖很感性趣，也有些人覺得大陰莖可以讓她們更有感覺。然而事實上，陰莖的大小在性交過程中完全不重要，巨大的陰莖不一定就能讓另一半滿足。或者說，女性的高潮不是來自於深達骨盆的插入動作。女性的陰道大約10公分，所以陰莖的粗細比長度重要。陰莖未勃起和勃起時的長度並無關連，平常狀態下尺寸較大的陰莖，可能勃起時的膨脹係數反而有限。

除了極少數的例子，巨大的陰莖要進入女性的體內應該沒問題，因為陰道可以撐大到足以讓嬰兒通過。如果你的陰莖長度真的使她感到疼痛，請你不要進入得太深。對自己性器官沒有自信的人需要的是安撫，與重整自己的性態度，而不是亂用一些偏方或道具。陰莖的形狀各異，龜頭有可能是尖形，也有可能是鈍形。而尖形的龜頭在使用頂端為乳頭型的保險套時，可能會因擠進儲精囊而感到不適。

能徹底享受性愛的女性，通常會著迷於伴侶的陰莖，一如男人對女性的乳房、身材、體香的迷戀。這樣的女性也能學著有技巧地把玩陰莖。不管

有沒有割過包皮，它都是個好用又迷人的玩具。將男人的包皮褪下，把陰莖弄硬並握住它，讓這小傢伙為妳抖動，為妳射精，這些都能在兩人的親密時光中增添情趣。用手與嘴為妳的男人服務也很重要，這不只能增加他的自信，也證明妳是個一百分的愛人。

如果沒有割包皮，在清洗陰莖時，就需把包皮完全褪下，好底清潔。如果沒辦法將包皮完全褪至龜頭冠之後，就必須動個小手術，但這不表示必須把包皮割掉。如果包皮在褪至龜頭冠後，會馬上縮回去，或是有緊繃及卡住的感覺，也應該想辦法解決。包皮過緊，是陰莖最常出現的問題。

還有，陰莖隨著時間成長，會有一點不對稱，這也是無害的。千萬不要去折勃起的陰莖，或者做一些可能會造成陰莖意外骨折的做愛姿勢（通常女上男下的姿勢，尤其是在女方接近高潮，警覺性較低時最容易發生。或者是在男方半硬不硬，試著要塞進女性陰道時，也很有可能發生。）位於陰莖內部的兩條輸精管，也有可能斷裂（但機率不大），這會產生劇痛，在往後的射精過程中可能會造成輸精管糾結。更要避免愚蠢行徑，例如塞入細管子、使用真空吸引器或陰莖增大器之類的物品。正常昂然挺立的陰莖，足夠房事之用，卻經不起這些道具的折騰。

自慰時，如果覺得太乾，唾液是最好的潤滑劑，但若有唇部皰疹的徵狀，應避免之。市面上有許多陰莖專用的塗劑，有些具有除臭功能，有些則含有麻醉劑，讓陰莖不那麼敏感，還有很多其他的花樣，不過並不建議你使用。

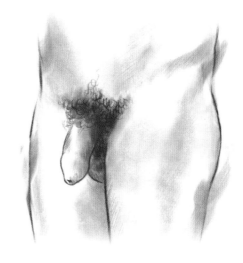

陰莖
比其他人體器官，陰莖有更多
的重要象徵性。

陰莖

在良好的性關係中，陰莖便成了兩
個人共有的寶貝。

尺寸 Size

男性對生殖器大小的偏見，與生俱來（它變成一種支配性符號，宛如鹿隻的多叉鹿角，越粗大越彰顯雄風）。女性對自己胸部、身材的斤斤計較，也是同樣的心理。她們一心一意，眼中只有這些東西。

由此觀之，過分看重尺寸的偏見難怪會引起焦慮，尤其還得被那些誇大不實的廣告轟炸。一個人無法在重點部位增加尺寸，就跟無法多長一絲身高是同樣的道理。

大體而言，陽具勃起的平均尺寸約長15公分、直徑約4公分，不過男人的那話兒有各種尺碼，不一而足。大老二固然可觀，但多半只有視覺刺激，未必中用。較小尺寸的陽具在各種姿勢中，照樣能小兵立大功。

女性同胞們應不要隨意批評他那個小老弟，除非妳是帶著憐惜、滿意的態度，不然，可會激發他無邊無際的「增大」噩夢。男性自己也不必在這上頭動腦筋。有少數的例子，因為腺體分泌失調，導致生殖器發育不全，尺寸迷你，但這些都屬例外。

陰戶也是一樣。沒有哪個女人的陰戶太小，如果她懷疑自己太小，可能是因為沒有放鬆，或處女膜太堅固。正常的陰道可以撐開到讓嬰兒通過。況且陰道緊繃，反而讓男性有額外的快感。

相對來說，也沒有所謂太大的陰戶。假如那兒似乎有點鬆弛，那就換個姿勢做愛，調整到大腿可以併攏的方式，造成夾緊效應。通常姿勢如果挪到「正位」，生殖器構造的落差就可以解決了。除了極少數外，男女雙方普遍都能協調適應。

未勃起的陽具尺寸，對男性也是一樣重要。有些男人在未充血前，只有微凸一粒而已，根本看不出柱體部分，但很容易充血。陰囊的重量也是一樣，因人而異，就像每個人鼻子、嘴巴的大小差異，但皆與功能無關。

小陽具多跟皮膚底下肌條的牽制有關，洗冷水澡會使任何「可觀」的男人縮小到像希臘雕像一樣「謙遜」。唯一操作時該注意的例外是，當男方過大，女方過小的時候，應該採取在上位的姿勢，請小心一點，否則有可能傷到卵巢（痛起來就跟男人被踢到睪丸一樣）；而他也不應戳得太猛，除非他確定不會弄疼對方。

包皮 Foreskin

割包皮，可能是人類最早的性儀式。因為宗教與健康的原因，這個儀式流傳至今。

有人認為割包皮可以減低陰莖癌與子宮頸癌的罹患率（其實，確實清洗就有同樣的效果）；也有些人認為割包皮可以延緩射精，但這些完全沒有根據。

我們不建議你將包皮割除，不過對某些人來說已經來不及了。十七世紀的醫師約翰·鮑爾（John Bulwer）曾大力主張：「將包皮割除是違反自然的行為，對女方而言，也等於玩了一個不公平的難堪把戲。」

如果你擁有包皮，至少代表你對它有主控權。割包皮與否，對自慰與性愛的進行都沒有太大影響，但總是有若干差異，沒有人會想要失去身上最敏感的部位之一。

通常，人們都是為了上述原因之一而保留包皮。如果你割掉了包皮，那麼整顆龜頭的敏感度恐怕就不如未割包皮的龜頭了。

女人對男人的包皮，反應有兩種：有些女人覺得割包皮比較乾淨，而沒割包皮的陽具看起來則較陰柔，無法引起興趣（在石器時代的原始風俗考證中發現，有這種突顯龜頭以表現威武的象徵手法）。不過，也有女人喜歡「發現」的樂趣，從褪下的包皮中找到寶物。

如果你未割除包皮，卻與她的喜好相反，那就盡量把包皮往後拉撐；假如她喜歡有包皮的男人，你不剛好正中下懷？

在性交時，女人以手用力地將包皮往後拉，不管對有無包皮的男性，都是最佳催「精」法，能增進靈敏度。

在陽具上玩的花樣，就是把陰莖的皮層或覆蓋龜頭的包皮向後拉扯，產生額外的緊繃感，有些男人會感受到更多刺激。

陰囊 Scrotum

　　基本上，陰囊就是精子工廠。睪丸負責生產精子，陰囊負責調節溫度，以保護精子，冷的時候就緊縮，熱的時候則下垂。陰囊左右不對稱是正常現象，例如一大一小，或一邊高一邊低。若有過於突出的隆起或疼痛，就得立即就醫檢查。

　　陰囊的皮膚極為敏感，需要好好照料，用舌頭含舔、手指撫弄，或以掌心捧住，都是不錯的調情方法。或以指尖沿著中間線滑動，然後輕柔的撫弄陰囊與肛門之間的會陰。還可以將它整個含入嘴裡呢。

精液 Semen

　　大部分的性交都會濺灑出這玩意兒。當精液乾了，可以用刷子或稀釋的小蘇打把它從衣服、家具上去除。如果身上噴到精液，不如順勢拿它當作按摩的潤滑液。

　　如果你想要射得多，可以在高潮前約一小時先自慰，以增加攝護腺的分泌。如果精液的味道不佳，應該改變飲食習慣，萬一還是沒有改善，不妨就醫檢查，說不定是身體出了什麼狀況。有個資料女性可能會很想知道，精液的平均熱量為5卡，更含有維他命C呢。

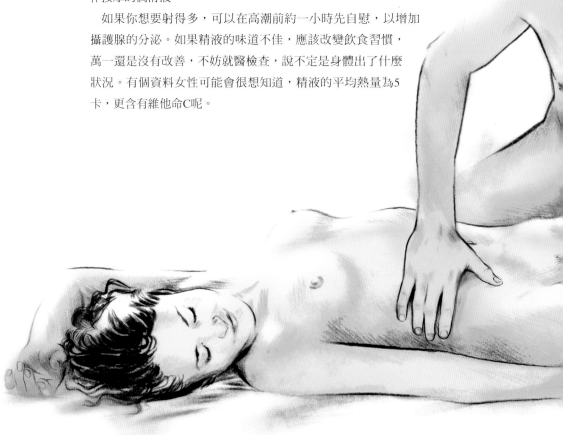

皮膚 Skin

　　皮膚是人類主要的外部性器官，卻遭男人冷落，而把大量注意力集中在陽具與陰蒂上；女人在這上頭就比較有全面的認識。

　　有女人說：「也許女人根本沒有意識到，男人皮膚的味道和觸覺或許比起其他性徵，可以帶來更多的性吸引力。」（不過也可能正好相反，叫人倒盡胃口。）

　　在所有的性感受中，皮膚的刺激占最大的成分。不僅觸摸它有感覺，連皮膚產生的溫度、質感與緊度，都能為性感覺創造更寬闊的範疇。

　　有些人若被用毛髮、塑膠、皮革或硬質料的衣物在皮膚上撫觸，慾望就會激升。多加運用以上知識來調教你和伴侶的皮膚吧。（參見「衣物」、「搓揉」、「舌洗」）

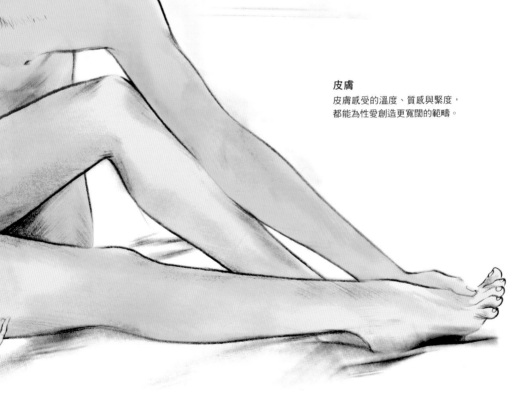

皮膚
皮膚感受的溫度、質感與緊度，都能為性愛創造更寬闊的範疇。

潤滑 Lubrication

　　女性能自行分泌潤滑劑，而男性只有在射精前才會有類似的分泌物，但這樣太慢，根本無濟於事。當陰道興奮時，能自行調整成適當的潤滑度，要是覺得太濕，可用包著手帕的手指去擦拭（別用衛生紙，碎絮會多到讓你清不完），也別用乳液或藥劑去吸收，以免造成陰道破皮。

　　許多女性常有陰道不夠濕潤的現象，那是因為她的情慾並未被完全激起，只要多花點時間、多下點些功夫就可以解決。

　　長期的潤滑不足可能是壓力、藥物、憂鬱、荷爾蒙失調，或是其他生理狀況的影響，請就醫解決。

　　如果需要額外的潤滑，唾液是天然的最佳選擇。另外，市面上販售的潤滑液，有很多會添加刺激觸覺、嗅覺、味覺的成分，有些還有麻醉的功能呢。但得注意的是，油性潤滑劑會分解乳膠保險套，矽性潤滑劑會腐蝕矽膠製成的情趣玩具。

　　切記，若是要在雙乳、腋下、肛門等無法自行潤滑的部位進行抽插，一定要使用潤滑液。

耳垂 Earlobes

　　這個性感帶一直被低估。與鄰近的皮膚串連起來，光是這小小一塊耳後地帶，就能經由迷走神經，敲擊你的內在深層感應，就跟頸背一樣敏感。

　　一如發生在所有外生殖器部位的情形，女性對耳垂的刺激反應也高過男性。一旦建立了激發情慾的模式，在瀕臨高潮或高潮湧現之際，以指尖輕柔地撫弄、吸吮，僅靠挑弄耳垂，就能讓一些人得到快感。但也有些女人覺得耳邊響起濁重的呼吸聲很吵，甚至引起反感，這些都該小心處理。

　　有重量的耳環也不錯，它能真實地產生情慾亢奮，尤其女人轉頭時，垂掛的耳環便在頸部晃動，製造煽情意味。藉由重量的晃動以激盪肉慾，並不是耳朵的專利，巧妙地善用身體其他掛戴珠寶的部位，也一樣能散發額外的情慾魅力。

耳垂
有些人光是被挑弄耳垂，就很有快感。

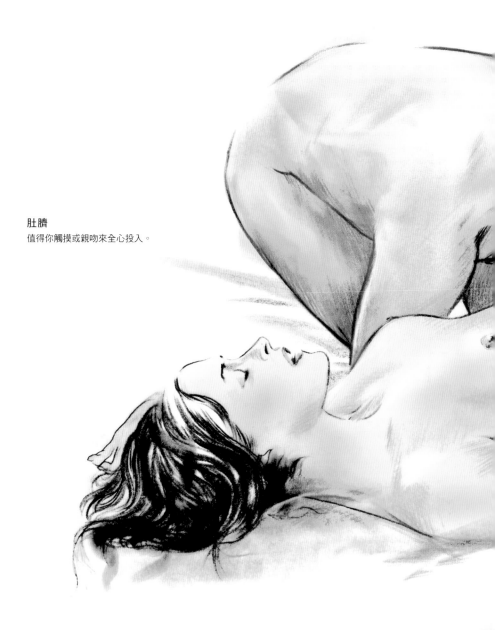

肚臍
值得你觸摸或親吻來全心投入。

肚臍 Navel

　　愛人的眼裡常能生出奇妙的畫面，覺得對方身體的每個部位都很迷人。
這層吸引力不僅是受到外在的修飾美感牽動，也是基於許多有發展潛力的
感知反應。以上說法適用在手指、舌頭、龜頭或大腳趾，當你進行觸摸或
親吻時，它們都值得全心投入。

　　在肚臍處做愛是可行的。（有些故事就寫過，天真的伴侶們還以為這麼
做是一般性行為。許多人小時候還真的想像這就是性愛發生的地方。）假
如她有點肉感，可以將腹部的肌肉從兩邊往中央擠，造成一個人工陰唇。
在一般情形下，不管男女的肚臍眼，都能讓舌尖與手指尖滑入。

腋下 Armpit

傳統上，有人喜愛親吻這個部位來滿足嗅覺。所以不要刮去腋毛，落得像隻白斬雞。

當伴侶在高潮忘我時，腋下是手掌心的代用品，可以摀住對方不出聲。假如還是得用到手掌，先在自己或對方的腋下抹一抹，沾點氣味。

所謂腋下性交，就是將在雙乳之間進行性交（參見「乳房」），換成把陽具插入她的右邊腋下——插深一點，好讓陰莖的柱體承受磨擦，而非龜頭。當男方插入女方身上任何一處沒有潤滑的乾燥部位時，這種技巧都適用。

將她的左臂勾上你的脖子，再用你的右手握牢她的右手，反壓在其背後。這樣一施壓，會使她胸部撐起，增加敏感度。假如她願意的話，也可以將你的大腳趾順勢抵住她的陰蒂，以帶動更深的刺激。

在腋下抽送，並不是什麼了不起的把戲，但你們若喜歡這個點子，也不妨一試。

腋下
這兒也是親吻的經典部位。

腳 Feet

　　有些人覺得它很性感，某些男人甚至把陽具夾在女人的腳心之間，就可以射精了。

　　腳能挑動的情慾很廣，有時它們是身上唯一能接觸到的部位，扮演互相傳遞訊息的角色，而大腳趾更可以成為陰莖的替代物。

　　在腳底心搔癢，會使一些人的魂都飛了，但對其他人，卻可能嚇得東躲西閃，但也會增進慾望。不妨把它當作催情的新途徑，或拿它來玩玩綁縛的遊戲。多數人覺得把腳心牢牢抵住腳背，會讓性慾上升。不過一個女人如果有這種感覺，那幾乎隨便碰她哪裡，都會勾起一陣銷魂吧——譬如從足部、手指或耳垂處就能獲得高潮。

　　男人對這些的敏感度雖不如女性那麼明顯，但只要技巧好，效果也不會差太多。

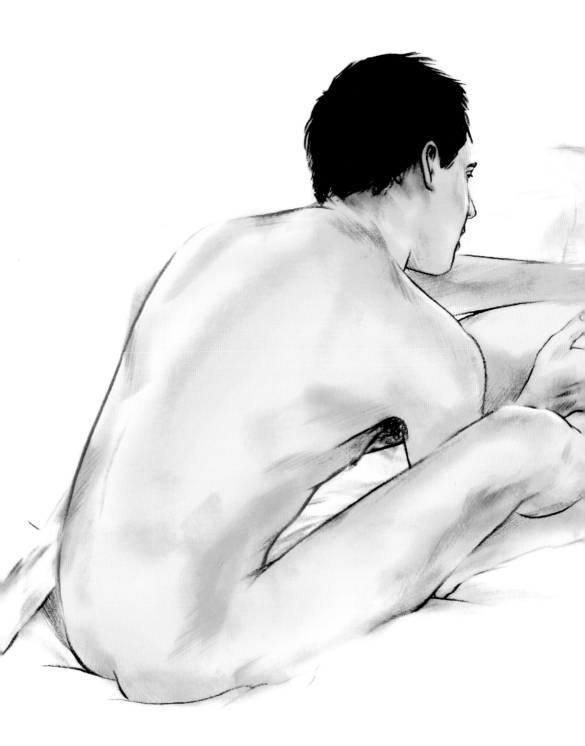

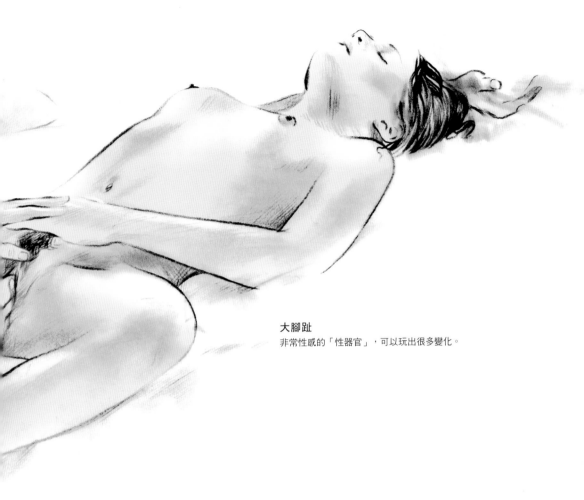

大腳趾
非常性感的「性器官」，可以玩出很多變化。

大腳趾 Big Toe

男人將大腳趾的肉墊部位抵住女人的陰戶或陰蒂時，就變成了性愛的絕佳工具。在著名的情色文學中，男主角同時力戰六女，就是分別動用了他的舌頭、陽具、雙手，以及兩隻大腳趾。

大腳趾夾入雙乳間或腋下抽送，有性交的情境。但要確定常修剪指甲，才不會刮傷人。小倆口在餐廳時，男方可以暗地將鞋襪脫掉，把腳伸過去，抵得她欲仙欲死，而此時你們的四隻手都擺在桌上，掩人耳目，天曉得底下有一場雲雨在進行。這種「你知我知」的挑逗把戲，在派對中，得懂門道的人才會玩，儘管有時女方一開始會流露出沒有勇氣配合的樣子。

女生這邊也可以易客為主，學習用兩隻大腳趾相夾幫他自慰。腳趾，確實是性感帶，歡迎親吻、吸吮，或綁起來搔弄。

頭髮 Hair

在佛洛伊德派的眼裡，頭髮，有諸多弦外之音──古代神話中，它乃神勇之力、信物的象徵。例如大力士參孫（Samson）、海克力斯（Hercules），以及其他的相關例證。

歷來的文化都將長髮與女性陰柔連結，短髮則象徵男子氣。這樣反而刺激了一些年輕男性逆向而為，乾脆將頭髮留長，拒絕這種刻板印象。套句十七世紀哈佛大學的說法，這要不就是指無賴或野蠻印第安人的扮相，再不然，還有個代表人物：喬治‧華盛頓。在今日，留長髮的男生對於缺乏陽剛味似乎也不再過於焦慮。

在性愛中玩弄髮絲，滋味美妙，因為頭髮的質感很有挑逗效果。可以撫摸它，以它來碰觸彼此，總之就是多了一個助興工具。有些女性被濃密的男性體毛吸引，感到陽剛味十足；但也人很反感，認為太像未進化的動物了；這些顯然取決於個人態度。

男性的臉是毛髮的另一個集散地。有時，每個男人都要蓄鬚作為社交禮儀，或符合習俗；但有時也會因蓄鬚被輕視；或被當成水手、拓荒者；或創意工作者，如藝術家和廚師。

叔本華認為頭髮遮掩住「可以流露內在情緒」的臉孔，但他不贊同把頭髮垂到臉中央，把頭髮當作撩人象徵是一種無禮的表現。今日，你大可以愛怎麼樣就怎麼樣；更棒的是，還可以用來取悅你的伴侶呢。

陰毛 Pubic Hair

你大可以照你的喜好把它剃光，有些人確實熱中此道。假如真剃掉了陰毛，那在長密之前，會有一段尖銳刺人的尷尬期。有人喜歡剃光後，全身滑溜溜的裸體感；也有人喜歡恥骨「硬碰硬」的觸覺；多數人則將剃陰毛當成一種身體裝飾的美學。

陰毛，能被梳理、纏繞、親吻、抓握，甚至揪拔。女人還能因男人有技巧地摩挲長著陰毛的恥骨地帶，而達到高潮。

女人最好別把它全剃光了，頂多修整齊，剪成恥

頭髮
可以撫摸它，以它來碰觸彼此，把它當成助興的工具。

骨上方的一塊三角洲，兩旁則平滑如鏡——這是年輕的象徵，把穿著丁字褲、泳裝後仍外露的陰毛修除，剩下的稍事修整，好讓陰戶整個展現。

男人如果喜歡，或因伴侶的偏愛，也可以剃除陰毛，但剃到陰囊的皺褶處就比較麻煩了。不要使用脫毛劑，那會產生燒灼感。

為了戴保險套，也許需要將陰莖柱體與根部的陰毛剃平，不然陰毛可能會被夾到。到時，本來應該好好享受極樂性愛，卻「拔一毛動全身」，痛得跳腳。

健康 Health

我們希望社會能夠重視性愛與健康之間的關係。對我們來說，即使人們對於性行為有很多因為文化、宗教或單純的焦慮而產生的心理障礙，但良好的性生活是身體健康的最佳後盾。

無論健康與否，每個人都有性交的權利，如果你因為某人的病痛或殘疾，就認定他不再渴望性愛，等於是把性當成純肉慾的行為，否認了其中的情感、撫慰以及愛意，也忽略了它是人類基本需求的事實。

健康狀態不佳時，的確會降低性慾，就連普通的感冒，只要稍微嚴重一點就會使人性趣全失，這時就別勉強行房了。對患有長期疾病的人來說，使他們退縮的原因並不單單是疾病的痛苦或身體機能的失常，還有心理的自卑感，尤其是性功能直接受到影響到時。

病人可能會認為性是一種負擔；又可能對自身的病痛（相對於伴侶的健康）感到極度的憎惡，進而排斥親密行為。你這時最不希望的，就是旁人覺得你已經失去或毫無性慾。

人都有潛在的慾望，但仍有許多臨床醫生認為，年輕病人不需要性教育，成年的病人不需要性愛。這些都是錯誤的觀念，渴望性愛是每個人的權利，即使他沒有性伴侶。

只要還能夠完成像動動手指、舌頭、或腳趾等與性幻想有所關聯的動作，就能引發伴侶的情慾。如果不想或是無法做那些事的話，擁抱、親吻、牽手的親密感，也能填補無法做愛的遺憾。

知識就是力量，你得盡量為自己（或是你的伴侶，如果他是患者的話）

找尋可能的替代方法。現在能為你帶來歡愉的事物，可能和生病前不一樣了。若病情連帶影響到你的性功能也不用過於慌張，大腦將為你填滿官感的空缺；根據統計，有超過半數的女性脊椎神經患者，可以透過手淫或口交達到高潮。

要保持積極且實際的態度，善用你所擁有的，別對已失去的鑽牛角尖。加入相關疾病或障礙的成長團體，將能得到很大的支持和鼓勵。

若是容易疲倦，那就在剛起床時做愛吧；若是身體的僵硬或疼痛成了障礙，那就在辦事前半小時服用止痛藥，然後泡個熱水澡。做愛時盡量採用避免疼痛的體位，例如，若是女方無承受男方的體重，就採用後入式；若是男方無法做推進的動作，那就改用女性在上的姿勢。如果有勃起障礙，別放棄，試試「藍色小藥丸」。

不要認定做愛就一定是性器官的交合，善用手指、嘴巴、和按摩棒又何嘗不能達成目的。如果真的提不起興致且很難高潮的話，檢查問題是否出在服用的藥物上，因為有些藥物確實會影響性功能，只要和醫生溝通，這些問題都是可以解決的。

如果你住進病房或療養院中，必要時，你可以要求擁有私人空間。若你個人或是伴侶和你都行動不便，有些看護人員是願意提供協助的，他們可以幫忙解開扣子，協助進入體位，事後幫你清理，但這些事前都需進行謹慎的協商。

你可能會不好意思向醫療人員開口提出這些要求，可別忘了，他們可是身經百戰，這些「能不能有性行為」的問題早就聽過好幾次了。

如果你不信任你的醫療人員，或是他們有「憎惡性愛」的傾向，那他們便無法幫助你，你得把他們撤換。如果是醫師主動下了禁慾令，你應對此決定提出你的質疑和抗議。如果答案真的是不行，只在確認他清楚了解激情對你的重要性的情況下，你才能接受這個決定。

好的臨床醫師都知道，禁慾對身心有不良的影響，無論時間長短。我再次重申：正常良好的性生活，能夠改善並維持健康。

年齡 Age

年紀跟性能力的唯一關聯，就只是你必須「愛到老，學到老」。

很多年輕人（和一部分年長的人）都以為年過五十的人已經不再有性行為，甚至覺得五十幾歲的人還有性生活很變態。最早發現事實並非如此的，並不是我們這個世代的人，只是我們沒被洗腦而已，因為我們不會把性視為難以啟齒的事。年紀大了就要失去性能力或對性的需求，根本沒道理啊，相反地，好戲才正要開始呢！

對女人來說，停止排卵代表她失去了生育能力，這種生理反應很微妙地動搖了一些人的自我價值；但對某些女人而言，這反而讓她們從避孕的焦慮裡完全解放開來，這種自在感，加上累積的性知識和荷爾蒙的變化，讓她驚訝地發現自己此時的性慾竟莫名高漲。

記住，隨著年齡增加，女人會越來越容易達到高潮。

至於處理更年期症狀方面，荷爾蒙替代療法（HRT，Hormone Replacement Therapy）的使用依然飽受爭議；普遍建議是，先評估過所有的資訊後再決定，並找醫師定期追蹤。

若是不使用HRT的話，還有自然療法和藥物可以解決一些短暫的問題，例如夜間出汗、潮熱、陰道乾燥，和其他長期存在的問題，如心臟病、骨質疏鬆。然而，性行為（不管是自慰還是跟伴侶做愛）絕對是對付這些更年期症狀的一帖良藥。

相較之下，男性在身體上並不會有什麼太大的改變，只有疾病的風險和情緒上的「更年期危機」，他們會想要趁現在實現少年時代未完成的夢想，這可能會導致他做出一些不理智的衝動行為，或是讓他重新評估自己的人生目標，有如歷經第二次青春期。由於子女這時皆已離家獨立，老夫老妻之間的親密關係可能會在這個階段開啟另一個春天。

在體能方面，男人至七十歲的這段期間有一些重要的變化：自發性勃起的次數漸漸減少了（如果完全無法勃起，表示健康出問題了，需立即就醫）；達到射精所需的時間越來越長，這可是一件好事；性交的頻率下降，建議你不必每次做愛都要射精，這是個讓性事長久的好方法，且無損其中的享受。

若能有互相鼓勵及接納的伴侶、健康的身體、不被「總有一天會不行」的迷思給左右，一輩子都能擁有愉快的性生活。

如果做愛次數並不頻繁，但你們都認為恰到好處，那也很好；畢竟，性是強迫不來的。大約有半數的65歲以上男女，都還維持常態的性生活，比本書1972年發行初版時還多。

許多不再有性生活的人，並非性功能障礙，而是其他身體或感情因素。所以，別相信什麼「老了就不行」的迷思，這種想法常常是文化造成的；在法國，有九成「上了年紀的女人」都認為性是很重要的事，足足比英國多了三成。法國萬歲！

千萬別讓你的性生活「熄火」太久，否則，想重新點燃可能會有困難。即使沒有性伴侶，也要設法「自己來」。

以下的建議應該會有幫助：在早晨做愛，這個時候男性的睪酮素最高；把潤滑劑放在隨手可得之處，以備不時之需；女方可以主導，用手和嘴巴幫助男伴；男方要知道，女人可以接受男人只用手和嘴來服務；在雙方同意下，增加一些新的情趣。

有兩點要注意：

第一，不要停止避孕，除非女方已停經兩年（若是五十歲以下）或一年（五十歲以上）。

第二，若不清楚對方的性史，就必須採取保護措施——六十歲的性伴侶比二十歲的更危險，他有過的性伴侶可能為數眾多（參見「安全性行為」、「避孕法」）。

撇開這些警告不談，當你年紀越大，越能得到真正的親密感——不光是荷爾蒙的作用，而是能夠放下心中的不安全感，全心渴望彼此。更有自信、智慧、經驗；你對一切已瞭若指掌；你明白自己要的是什麼，也清楚彼此要的是什麼；如果遇到新伴侶，你知道如何滿足對方。

年齡使人變得良善而有耐心，提升施與受的能力。性會變得更加重要，不會消減。在你什麼都嘗試過了之後，所留下的就是你或你們最喜愛的。你能想像到的最美妙、最享受的性愛，就發生在那些可以稱自己為「老一輩」的人之間。

性愛藍圖 Sex Maps

人類是天生的「性感」動物，胎兒在母親肚子裡就已經會勃起，幾個月大的嬰兒就開始會撫摸自己的生殖器。

在性愛方面，我們可以把性學家強‧曼尼（John Money）所用的名詞「戀愛藍圖」──指心目中理想愛人的樣本──改成「性愛藍圖」。每個人的性愛藍圖都不同，影響的因素包括：年少時接收的訊息、每段不同的感情、跟不同伴侶相處的經驗、成長過程的文化背景。因此，每個人對性和性伴侶應有的模樣，都有自己的想法。我們可以本能地表示對事物的好惡，也很清楚自己的癖好。

就某個層面來看，這些成見根本不重要。管他是否老愛吊掛在水晶燈上，或是性伴侶成群，或仍是處子之身。一個人的性愛藍圖並不會，也不應該影響他的自我價值或伴侶的意見。

但換個角度看，它又極為重要，因為我們的行為反應都源自性愛藍圖。它可能會被扭曲而誤導了我們，讓我們誤以為男人都能說硬就硬，或美好的性愛都是自然而然發生的，但事實並非如此。甚至，我們經常不會意識到性愛藍圖的存在，無法察覺這些無益又不切實際的期待，注定要以失望收場。女演員莎莉‧麥克琳（Shirley MacLaine）說：「什麼事都能跟性扯上關係。」

「去了解」是所有問題的答案。你若想探索性愛對你的意義，永遠不嫌晚；若要了解伴侶對你的期待，永遠不嫌早。無論是哪一種性關係，我們都非常推薦伴侶們探索彼此的性愛藍圖，尤其是比一夜情更長久的性關係。所有你喜歡的、不喜歡的、厭惡的、害怕的、特別偏愛的以及憧憬的，如果你們不說出來，沒有人會知道；同樣，對方沒有提到的，你也別自作聰明以為一切盡在不言中。透過這種分享，有助雙方達成共識，也更加了解對方和自己。

其他優點還有，幫助年輕人在成長的過程中，不斷充實、增進、修正他們的性愛藍圖。研究報告指出，性教育提高了年輕人發生第一次性行為的平均年齡，且降低性伴侶的人數和風險；沒有理由不讓孩子們知道性愛的過程，及其在心靈上所代表的意義。引用一段本書初版的一段文字：「良好的性教育，首先要認真對待孩子虛心求教的態度，好好回答他的問題，讓他知道性愛是自然且愉快的。雖然性屬於個人隱私，卻非不可告人之事。」

忠實
戀人必須找到適合自己的「忠實」定義。

忠實 Fidelity

　　忠實、不忠、嫉妒等種種涉及道德的議題，我們在日常生活中盡量避而不談。事實上，只有非常少數的人，一輩子只跟一個人發生性關係。

　　外遇的統計數字逐年攀升，有許多人都同時進行著多角關係，我們常會聽說某某人固定跟某某人「早餐約會」，哪棟豪宅是某大老闆用來金屋藏嬌的。

　　其實，事情開始變調之前，大多數人與長期以來的伴侶都還是維持著一夫一妻的關係。

　　出軌是不分性別的，如果女性的發生率比男人低，純粹是因為機會不多，而不是她不想。（而且，這些調查的衡量標準，通常是有發生性關係

才算數，但女性通常是精神出軌，這造成的傷害往往更具毀滅性。）

發生外遇的人有多少，理由就有多少。大體上來說，女人出軌的原因是現有的戀愛關係令她失望，動搖了她的忠誠度；男人則是在目前的關係裡失去自我價值，期望在外遇中找到自尊。

也有跟上述完全相反的情況。我並不提倡外遇，但它會發生，可能是因為某一方經常無法滿足對方的三個基本需求：性、浪漫的感覺、深度的情感交流。

不論有多誘人，維持忠誠不只是個理想，更是個好主意。誠實，會使我們更容易去愛，以及做愛。欺瞞，絕對會對兩人的關係造成傷害。但是為了避免罪惡感，或是故意要氣對方的那種坦白，也會造成傷害。

真正棘手的是，性關係對不同的人、或在不同的場合中，有不同的意義。性關係可以是一場遊戲，也可以是攸關嫁娶的終身大事。心痛，通常是因為兩人之間對性關係的認知有差異而造成的。

每一種性關係都存在著責任，因為這牽涉到二人，甚至是多人的參與。瞞著你的另一半所做的任何事情都會造成傷害；然而，身為完全獨立的個體，我們有時也並不想事事都與自己的伴侶分享——「我是我，你是你，這世界上沒有人生來是要為另一個人而活。」有過性關係的兩人，必須找到適合自己的「忠實」定義。我只能建議你們去討論這個問題，至少，得知道對方的立場。

最後談到了嫉妒。不要用報復的心態去和別人調情或發生關係，只為了「以牙還牙」。或許這麼做能使出軌的一方馬上回頭，但長遠來看那是最差勁的行為；非得這種手段才能維持的關係，根本不值得再苦撐下去。

你若有強烈的嫉妒傾向，尤其是極度自卑、極度沒安全感，快去尋求專業諮詢。你的伴侶若是有很明顯的出軌傾向，就早點離開他吧！

契合 Compatibility

這裡談的並非單純就兩人是否有戀愛的感覺，而是當你們決定一起走下去時，那些拼圖的切片是否能恰如其分地湊在一塊。如果答案是肯定的，任何外在的力量都無法將它動搖；否則，無論你現在感覺有多棒，還是會覺得這段感情好像少了什麼。

契合度包括相同的價值觀、目標、願景——這或許是「相親結婚」（非強迫性的）的結果比戀愛結婚好的原因之一。當兩人有相同的世界觀時，

反而不會只想盯緊著對方，而是像法國的飛行員小說家安東尼‧聖修伯里（Antoine de Saint-Exupéry）所言：「一起凝視同一個方向」，這便是長久之愛的最佳註解了。

性愛方面，「同一個方向」始於互補的性喜好；若是女方迷戀男方，男方又是個自戀狂，那根本就沒戲唱了。還有，性對於雙方的重要程度也有影響；哪些是可以被接受的（色情、不忠、戀物癖……等等）；可以玩到什麼程度，應該多頻繁。

針對這點，雙方達成共識會比次數來得重要，如果兩人都對一年只做一次愛很滿足，他們就能過得幸福。如果前面提到的都能完美的契合，那他們將有非常緊密的連結。

熱戀期過後，如果性方面出現了問題，並不是因為彼此沒有情慾，而是因為沒有愛。

性生活美滿的伴侶們，感情也能走得比較順利；聽起來可能很像三歲小孩也懂的道理，在這段戀愛中所激發的熱情，也是維持這段關係的關鍵。美滿的性生活不僅來自雙方的契合度，亦能造就契合度。

慾望 Desire

慾望始源於不安全感，例如擔心對方的反應、事情會如何發展、結局可能非己所願，這些種種的未知數會變成某種執念。於是才有了中世紀的「宮廷之愛」，有了心理學家桃若西‧田諾（Dorothy Tennov）的「戀愛經驗說」，於是有了羅密歐與茱麗葉的故事，以及大部分流行歌曲裡的歌詞。一旦發生親密關係的時刻或機會來臨時，我們會感受到一股受寵若驚的感激。

在此之後，想要維持慾望，必須靠彼此的愛慕。並不一定得做出承諾，因為現在已經不是從前那規定女子在婚後才能有慾念的社會了，如果能知道自己渴望的人在早晨來臨時對我們還有慾望，我們才能卸下心防，任慾望滋長。本書所談論的一切，都是以這個基礎為前提。

若慾望在初期就消失的話，也只能說，到手了就不想要了，這時雙方最好的解決方法就是把一切都忘了。但若是彼此有愛，一時的小低潮不應該造成恐慌、分手或出軌才是；男人也好，女人也好，沒有人可以在累得要死、生產後沒多久、小孩狂敲門時，或是站在繁忙的大馬路中間時想要做愛。

慾望
戀人必須在對彼此的渴望上多下點功夫。

造成長期了無性慾的元兇，八成是藥物和荷爾蒙，也有可能是憂鬱或感情危機，這時應該去尋求醫師或諮商的專業協助，而不是出軌。置之不理和一味地忍耐，只會使情況更糟，到最後一切都會變成負面反應，甚至排斥伴侶的觸碰。

除了這些情形，每對愛侶都祈求愛神讓雙方的渴望又強烈又持久，但真正的高手，懂得天助自助者的道理。性交時的感受越強烈，帶來的慾望也越強烈；也就是說，雙方都必須知道如何有創意地挑逗對方，使其達到高潮，這當然得下功夫互相溝通學習。最好能夠確保雙方在大部分的時候，都是很享受的。

強烈的慾望不只是熱情，還有感情。我們若想要保有性慾，就得維持情感的交流；如果憎惡和厭倦讓我們的情感變得麻木，它終究會讓身體也漸漸麻木，最後一切都會變得無感。

我並不是說，情緒得永遠都是正面的，即使在最幸福美滿的關係裡，有時也會有性愛治療師大衛‧史納克（David Schnarch）所說的「爬蟲類」作用——就是脫了衣服就埋頭苦「幹」。想持續感受熱情，就得有勇氣去面對情感觸礁時的沮喪，你可以發洩憤怒的情緒，就是不要冷漠以對。

記住，藉由鼓勵和距離上的美感，能帶來最強烈的慾望；當你們感受到對彼此的渴望時，就付諸行動吧！用心的愛人會致力於提升自己的技術，以達藝術的境界，也明白這無損藝術品的光華。做愛次數越是頻繁，你就會越渴望它——即便有些生理上的障礙也無妨，對男人如此，對女人而言，更是如此。

愛 Love

我們會把「愛」這個字，用在男人／女人，母親／孩子，子女／父母，以及自己／人類的關係上。因為，這些關係都存在於愛的光譜中。

說到性愛的關係，我們很容易會聯想到像是溫柔、尊重和體貼相互交流而成的關係。無論是彼此倚賴，以至當一人的逝去，另一半會黯然神傷好幾年；或是共享歡愉的一夜情，都可算是性愛關係的一部分。它們之中都有著：愛、價值感與所有的人類經驗。

　　有些人會覺得這個人對味，或認為那個人順眼；或者，同一個人會在不同的時空下，遇上不同的人。這的確是性愛倫理中的一大難題，也是自我了解、自我溝通的基本問題。

　　你無法假設自己的愛一定適合對方，並被對方接受。你也無法假設在兩個人相愛的過程中，這份愛會至死不渝。甚至於，你連自己的心都未必了解。愛一個人，就要冒一些風險，不能僅憑藉著有沒有性愛關係。雖然，傳統的觀念仍然把性愛當成見證愛情的重要指標。

　　有時，兩個人都深刻了解彼此，或認為彼此已經藉由溝通解決了許多事情，也許他們的確如此，但即便奉愛之聖名，這關係的結局仍充滿各種未知的可能。

　　人們試著將一些道德鬆綁，藉此降低愛情的夭折率，但未必成功；這麼做對於找出不同性愛關係的優點，也無啥幫助。透過浪漫的感情主義，現代人把愛當作「兩個個體間相互的占有」。獵豔高手則完全相反，他毫不想被束縛，也不接受人與人在真實關係中必要的坦誠。

　　如果性愛可以是，也的確是人類經驗的極致，相對地就會有些危險。因為，它可以為我們帶來最棒與最糟的時光。在這方面，性愛就像登山一樣，過於膽怯的人只有乾羨慕的份；而那些身心均衡，願意努力的人則會為了成果而艱苦冒險，並了解這不是一味地使蠻力。

　　愛，更進一步來說，需要兩個人一起經營。至少，可以確定的是，你不會剝削或傷害你的另一半——你不會帶個新手去登山，卻在狀況變得困難時將他拋棄。或是，要對方在還搞不清楚狀況前就簽下賣身契，這也是不對的。

Chapter 2 Appetizers

開胃菜篇

真正的性 Real Sex

　　我們的文化觀念和坊間媒體的宣導並未覺察到：不是只有性交、自慰或口交才是真正的「性」，還有人們想做、卻未必被普遍認可的行為，也都算「性」。

　　舉例來說，兩人同處愉悅、危險的狀態，或只是一起歇息，是「性」，相互撫觸身體的非情慾地帶，也是「性」，連最一般的牽手，都是「性」。（放縱情慾確實會帶來較多高潮，但我們卻很容易忽略了單純的

真正的性
即是柔情、撫觸、陪伴。

樂趣，例如深情相望、微笑、調情、約會、親吻，以及親密的擁抱等。）
這些比較溫和的行為，常被想要直接奔回本壘的男人忽視，認為這些都太
過於純情了。其實，就算睡在一起而沒有性交，或是性交之後的同床共
枕，也都是性的一部分。

　　大多數女人都明白這些道理，卻害怕被罵神經質，不好意思將心理的
想法告訴那些情慾導向、總是急著要上床的男伴們。可別被長輩們界定
「性」的那套標準給唬住了，有一本描述性愛的書是這麼寫的：你要在乎
的應該是愛，而不是表演十項全能。不過，我們這一代的人，不太知道如
何運用這些溫和的方式，除非曾經因此嘗到甜頭，否則，人們不會明白這
些單純的幸福到底有多重要。

晚餐 Food

　　一般而言，晚餐是性愛的序幕。在古代的法國和奧地利，人們會在餐廳中預訂一種只能由裡開，不能從外進的房間，那表示裡頭有好戲上演。同一時期，法國人也有一句諺語：「才吃飽就做愛，小心腦中風！」這倒不是真的。但話又說回來，在一頓豐盛的晚餐之後馬上做愛，的確不太好，很可能會使你的伴侶不舒服，尤其是被你壓在下方的女性。

　　吃一頓飯，本身就可以很性感——想像一個女人示範如何在男人身上吃「雞腿」或「桃子」的模樣。（大家應該看過電影《愛你九週半》吧？）

　　可以確定的是，用餐也可以被引入愛的遊戲中（參見「大腳趾」、「遙控」）。但可別飲酒過量，根據最近的研究指出，酒精有助於釋放壓抑的情緒，讓人感覺舒服，特別是對女性很有效；不過酒精也常是意外困擾的癥結點。假如你真的有意在餐後「續攤」，喝點礦泉水就好。

晚餐
吃一頓飯，本身就可以很性感。

在古希臘與羅馬時代，當兩人一起斜臥在躺椅上，或互相餵食，愛情與食物就圓滿結合啦（當今的藝妓還保有這種古風）。

有些人很享受「食物與性」的遊戲（譬如，把冰淇淋抹在皮膚上、將葡萄放入陰道內等），這種回歸口腔期的感覺還不錯，但可能會把家裡弄得亂七八糟。

另外，多加小心甜食的攝取，那會引起腸胃進行發酵反應；也要注意油膩的食物，保險套會因為沾到油而破掉。而多數伴侶在獨處時，都喜愛光著身子，在伴侶的身上「大飽口福」一番。

跳舞
融洽的愛人多數都能翩翩共舞。

跳舞 Dancing

當兩人翩然起舞時，很像在做愛。對清教徒來說，更是如此。現代人已經有一套不需身體碰觸的舞姿，因為這年頭摟抱不再需要藉口。不過，興奮不一定要靠身體的接觸，事實上，現代大部分的舞蹈比純粹的摟抱還要撩人呢，因為兩人若是靠得太近，反而無法欣賞對方。最棒的部分是，兩人隔著一點距離熱舞，還可以隔空互相挑逗（參見「遙控」）。

融洽的愛人多數都能翩翩共舞，既能夠在公共場合或私下跳，也能服裝整齊或一絲不掛地跳。跳舞時，為對方脫衣服非常煽情。別一下就進行到性交，而是持續跳到他勃起無法忍受，或她快瀕臨高潮為止。兩人隨著律動，以及雙方的眼神、味道，一路搖到激情終點站。即使到站了，也不需要馬上停下來。

如果兩人身高相去不遠，男方就可以把陰莖插入女方，然後渾然忘我地繼續擁抱著共舞。不過，通常女方都比較矮，這麼一來男人就得一直屈著膝蓋，挺累人的。假如你們無法保持插入地跳舞，或女方過矮，不妨模仿印度的一種站立做愛術，即腿部環繞對方腰部，手臂圈住對方的脖子，你們就能以這種姿勢共舞了。萬一女方不算輕盈，抱不起來，可將她轉過身子，彎下腰去，男方由後插入，二人繼續跳舞。

在跳舞時，互相勾引或誘惑都是很自然的。在那個跳舞還很正式的年代裡，男人多麼希望女人的胸部能長到背後去，方便一手掌握，但這樣也太沒挑戰性了。想把這場舞跳到激情收場，你所需要的是：輕輕地施壓、韻律、視線、氣味，以及懂得操作遙控的方法。

股間性交 Femoral Intercourse

就像「著衣性交」一樣（參見「著衣性交」），採用這方式可能是為了想保存處子之身，或避免懷孕。在古老的文化習慣裡，這方式的使用是因為重視處女身分，且沒有避孕措施，現今則把它當成正式性交前的替代品。

男人可以從前面、後面，或在任何女人能將兩條大腿併攏的姿勢下進行這個招式。將陽具夾在女人的大腿間，陰莖置於兩片陰唇中央，但龜頭必須遠離陰戶，女人則用力擠頂。

使用保險套、採用其他避孕措施，以及進行安全性行為等，都能讓我們不必再像前人那樣，因為擔心懷孕，反而在技巧上小心翼翼。

　　股間性交能給女人高度敏銳的快感，有時甚至比真正的插入還刺激，所以值得一試。

　　男人可從背後進入她的雙股間，讓龜頭實際頂到陰核，製造出美妙的效果。這招可以作為正式上場前的熱身操，或是女人月經期間陰道感覺不適時的替代方案。

著衣性交 Clothed Intercourse

　　這是需要投入大量情感，並且倍加呵護對方的技巧。可能的情況是，女人只穿著一件小底褲或丁字褲，男人則西裝筆挺就上了。

　　這是最常被使用的親熱方式，德國人稱它為「droogneuken」，但很奇怪，許多文化風俗卻沒有為這個招式發明出什麼特別的名稱。

　　除非全程始終保持在股間抽送直到射精，不然這招用於避孕並不保險。因為不論有沒有穿衣服，當陽具與陰戶距離太近，是怎麼也說不準的。

　　有些人很喜歡這種招式，因此在婚後或遇到女人月經期間，都能派上用場。假使摩擦太久，這技巧很容易造成女方「乾澀」，男人也可能會因為勃起的陽具卡在牛仔褲內，引起些許的不適。「慢慢來」是著衣性交的不二法門，許多女人能因此得到極大的快感。

著衣性交
最常被使用的親熱方式。

安全性行為 Safe Sex

我們過去都認為HIV代表一種死亡的宣告。在某些方面，它仍舊保留這樣的意義，而且還是極具傳染力的性傳染病（STIs），正威脅著全世界的人類。小心為上，這已是刻不容緩的課題。淋病與梅毒仍在我們身邊，而淋病越來越難根除，因為它會產生變體。

此外，泡疹、滴蟲、細菌感染、黴菌、病毒性肝炎、陰蝨、疥瘡、HIV、人類乳突病毒，以及披衣菌亦然。我們現在知道乳突病毒會促使各種子宮頸癌發生，而披衣菌可能引起不孕（參見「參考資料」）。基於上述理由，我們要提供一些安全性行為的參考指南：

• 無論你是何種年齡、性別、或有多少性經驗，你都可能處於風險之中。有人妄言說，AIDS顯然並未毀掉大部分的已開發世界（竟然無視它仍繼續危害開發中國家的事實），因此傲慢地辯稱保護措施可以隨個人意願採用。這是大錯特錯，因為每天都有超過一百萬人罹患性病。

假如認為只有年輕人與性開放者才會得到性病，也是錯誤的觀念。事實上，我們發現，要更小心的反而是年紀較長的情侶們，特別是那些剛離婚，與那些宣稱自己和伴侶都很安全的人，因為事實往往剛好相反。

• 風險來自體液的交換，包括唾液、血液、尿液、精液、陰道的分泌物以及排泄物。滲透是風險來源的主要關鍵，但會造成皮膚表面破皮的抓痕或咬痕，同樣危險。

口交也有危險性，沒錯，雖然隔著保險套舔你的愛人看似拘泥無趣，但是傳染病可是無所不在的，尤其口交更容易使女人處於風險之中。

• 最保障的莫過使用保險套（無論男女）、口交護膜、醫療用手套，這些都適用於性交、肛交、情趣用品以及口交。這些乳膠製品雖然無法讓激情加分，卻是你的必備用品。

• 關於保險套的正確概念：避面陽光直射，別過期使用，每次性交都使用新的保險套，檢查有無裂縫或破洞。務必全程使用保險套，萬一中途滑落，得進行緊急避孕措施。套一句第二次世界大戰英國軍隊的標語：「在放入之前，先套上吧！」

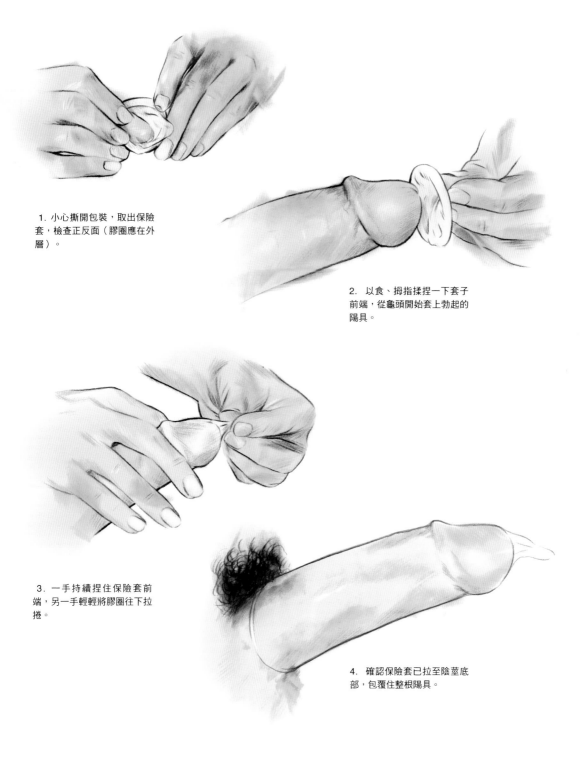

1. 小心撕開包裝，取出保險套，檢查正反面（膠圈應在外層）。

2. 以食、拇指揉捏一下套子前端，從龜頭開始套上勃起的陽具。

3. 一手持續捏住保險套前端，另一手輕輕將膠圈往下拉捲。

4. 確認保險套已拉至陰莖底部，包覆住整根陽具。

• 保險套的使用還能測試你是否真的找到一位正派且有性知識的伴侶。如果你的新伴侶不做保護措施，那麼他就是不機警、不可靠、也不體貼。

• 當你的新伴侶和你經營了一段穩定且互有承諾的愛情，你可進一步做性病篩檢，看兩人是否可以進行沒有保護措施的性愛，再信守終身。這個的建議是不是聽來一點也不浪漫？的確，但卻相當實際。

即使你的伴侶過去只有過一位性伴侶，而那位性伴侶在和你的伴侶性交之前，也只有過一位性伴侶，這樣追溯下去，你仍有與未知的傳染病牽連上的風險。如果你們彼此相愛，做個檢查是必要的；如果你們並不相愛，就更沒有信任對方的理由了。

• 和交往不久的伴侶一起使用情趣用品時，要在使用之前套上保險套。在兩次使用之間，要使用殺菌清潔劑擦拭，或使用清潔用護墊。這些東西情趣商店有賣。

• 多加留意任何不尋常的身體反應，如搔癢、出疹、腫塊、腫瘤、早洩、發熱、水腫、腹部不舒服、出血、性交或小便時疼痛，以及不舉等。

• 有各種徵狀都應立刻就診。大多數的傳染病，只要早期發現，都可以治癒。泡疹、泡疹的病變、HIV病毒等則會危害生命（參見「參考資料」）。如果你感染了性病，或者有可能被感染，務必告知你現在的性伴侶，並尋求醫師診療，確認是否還需要告訴之前的伴侶。

• 即使你們兩個對彼此都非常忠誠，定期檢查仍是最理想的做法。某些性病是有潛伏期的。也許你自己就曾出軌過。

電話性愛 Phone Sex

　　這並不是那種必須付費的情色電話專線。電話性交是指知道對方真實身分的兩個人，用來激發愛意的做愛方式。它的限制在於只能聽見聲音，卻看不到也摸不著。把世界拋在腦後，只有單純的歡愉與兩個人的聲音，讓相隔兩地的伴侶加更專心投入，正是它吸引人的地方。

　　因為整個過程回饋的只有聲音，因此一方必須傾訴多一點，完整地陳述，而且必須細膩而清晰的描述所有細節。特定的密語可以引發兩人之間情緒與動作的轉換，當急促、舒緩或瀕臨高潮時，可以提高音量或呼吸的節奏，濃情熱語能夠啟動各種記憶與想像。

　　不妨編個劇本，講述整個故事，問些親暱的問題並回答，向對方進行充滿情慾的告白。特別是女人，手指、按摩器以及聲音就可以讓她興奮；如果男人渴望視覺刺激，那麼女方可以在鏡子前描述自己的模樣（參見「鏡子」）。

　　電話接通之後，好戲就正式開場了。對於這種遠距離的性愛方式，有個很獨到的挑情技巧——當你描述動作時，多多利用「停下來」、「開始」、「暫停」等明確的字眼，來啟動對方的情慾開關。這種知道對方會被你的話語挑逗起來，還得遵照你指示而行動的感覺，往往令人情慾高漲，更是一種特殊情趣。如果輪到對方發號施令，你也要讓自己保持在興奮狀態，一旦當對方瀕臨高潮邊緣，你就能順勢閘門一開，讓積累的情慾「奔洩」而出，雙雙共赴高潮。

愛語 Words

　　「對女人來說，G點是在耳朵。」智利女作家依莎貝·阿言德如是說。她說得沒錯，相互傾吐是最基本的。所謂的品味，是非常個人的，而且愛語的範圍很廣，它可能引起情慾，也可能被認為粗魯、獸性或太具侵略性。

　　不妨和新伴侶或熟悉的伴侶試用一些新的愛語，在對方的耳邊輕聲低語，看看對方的反應。如果對方感到不悅，就別再使用；如果是你覺得不悅，要告訴對方，然後一起找出其他另類的激情之語。

　　如果愛語會令你有些不自在，但你又想說，那麼就趁你自娛的時候說出那些關鍵字吧；如果你除了不安，也不想這麼做，就請放輕鬆，沒有人規定非說不可。

網路性愛 Technology

　　網路曾經遭到人們的排斥，認為它容易引人上癮或產生網路戀情。但不要怪罪這個傳播媒介，因為它所帶來的優點遠超過它的負面問題。

　　任何事物都是一體兩面的，只要你別因為沉迷於網路，而離棄的現實生活的人際關係就好。網路性愛和電話性愛一樣，都是不錯的選擇（參見「電話性愛」），都提供了一種新的方式和新的可能性，讓性愛跨越國界的藩籬。

　　網路是開啟靈感與創意的鑰匙，裡面有很豐富的寶藏：情色、熱線、線上諮詢，還有各種你想都沒想過的特殊嗜好社群。它最有魅力的地方在於，網路上會有人教你如何利用西瓜、氣球、空酒瓶，自己動手製作情趣玩具。性愛相關的網站，族繁不及備載，散播速度更是快得驚人，如果想要進一步了解，很簡單，自己上網瀏覽吧。

　　這不是一本教你如何找性伴侶的書，所以我們暫且不談網路約會，而是再次提醒上網的安全問題。無論你和線上聊天的對象有多親密，只要是和不曾謀面、也不認識的人出門約會，都要非常小心。不要提供任何個人資料，也不要在不安全的環境中跟他們見面。最好不要單獨跟網友碰面，即使他們不對你下藥，但很難預料是不是有更可怕的事情隱藏在背後。

　　只要是正派經營的交友網站，都會將這些網路交友規範寫得很清楚，並要求網友們閱讀並了解。然而，網路交友的最大特色就是，在還不清楚對方來歷的情況下，就已經產生快速甚至是錯誤的親暱關係。

　　如果上網是為了解決性需求，就某種程度來說，網路性愛算是安全性行為最極致的表現了，因為根本不會有體液的交換。網路文章、留言、電子郵件、視訊……都可能讓兩個陌生人很快地湊在一起；或被各種延伸出來的枝節打亂原本的生活步調，白天無心工作，回到家還一整晚都掛在網路上；或者在安全無虞的情況下，來一段驚險萬分或天馬行空的綺想。

　　進行網路性交時，如果是用打字的，重點在詳細的自我描述（你人在哪裡、你穿什麼、你正在做些什麼、你想對對方做些什麼……），根本不必在乎字要打正確或文筆要流暢，太拘泥於談話禮儀，反而會讓網路另一邊的人覺得你太做作。還有，可別髒字連篇，對方不會知道你當時的情緒是好是壞，髒話在螢幕上看起來可能既刺眼又沒水準。你只需要描述發生了什麼事，慢慢來，告訴對方你在做什麼、你在想什麼、你想要什麼，以及你所有的感受。

回饋通常不會是立刻的。所以在傳送與接收之間要搭起一座橋。女方特別需要學習調整節奏，快接近高潮時，可以先緩一下，如此反覆進行下去。按摩棒在這個時候非常適合派上用場。

頻率 Frequency

房事的頻率，是指你們雙方都樂於享受性愛的次數，要多少就多少。不過，你也不可能「做愛做到超支」，就像你無法把剛沖過水的抽水馬桶再壓出水一樣（參見「過度」）。

儘管諱於射精太頻繁可能會影響受孕的考量；或者不想被固定的行房表綁住，以免搞得太焦煩，一個禮拜二到三次的頻率是很正常的，而且許多人做得比這數字還多。有些人確實有固定的「操課時間表」，而大多數人通常集中在週末。

那些只進行性交行為的人，比起混合口交、愛撫、或會在性愛中加入其他遊戲的人，所達到的高潮要少，因為後者多管齊下，更能助長興致。你應該設計自己的高潮版本，增進感官刺激。如果伴侶需求得比較多，應先想辦法多滿足他們，然後再利用他們的高潮與自己的融合為一。

頻率會正常地隨著年紀而降低（參見「年齡」），但你會驚訝地發現，在某些特定時刻，不想就是不想，與年紀無關。所以別對頻率一事耿耿於懷，或憂慮你那些愛吹噓的朋友們說你的頻率比他們低。

你必須了解，人終究會遇上某些時候，就是不想做愛做的事，例如心有旁騖、過於勞累、或遭受到生命重大打擊如遇到生老病死的經驗時。所以，性愛時間表是可以彈性的，別硬是「按表操課」，反而造成自己跟伴侶的壓力。

如果還是「性」致缺缺，不妨檢視一下自己的身體狀況，藥物、疲勞、壓力等都可能是引起的原因。然後，聯想一下憤怒或憤慨是不是所有問題的根源。最後要提醒你，開口詢求專家的幫忙，一點也不難堪。（參見「參考資料」）。

優先 Priorities

在我們開始一段關係的時候，什麼問題都沒有，每件事情都以性愛的名義進行；當兩人關係穩固下來之後，性愛反而被撇到一邊去。金賽研究報告就說，現代女性比五〇年代的女性做愛次數還少，因為她們沒時間做。

這份調查報告確實點出了很多事實。

決定將性愛放在優先的位置，可能會引起罪惡感，因為我們都不敢牴觸自己應盡的義務，將享樂優先於職責之前。不過，一旦我們了解性愛並非放縱，而是一種生活上的必須，事情都會簡單多了。

請準備一本行事曆，看看有什麼事情可以先取消，什麼應該被保留，試著在每個禮拜空出一晚或每個月保留一個禮拜給彼此，不見得是為了做愛，而是為了交談、擁抱、相處。通常，時間和地點都準備好了，性愛就會悄然而至。

假如你們有小孩，那麼整件事可能會變得更棘手，也可能更簡單。棘手的是，很難把性愛放入家庭生活中；簡單是說，必須有性愛的發生，才能保持愛慾與家庭的和諧。千萬別把性愛擱到小孩長大成人之後才去面對，如果這樣，兩個人的關係可能會漸行漸遠，或者更糟。

所以，立刻採取行動吧，在安全無虞的狀況下，較簡單的作法是讓學步兒開始跟父母分房睡，不放心的話，可以準備一個兒童攝影機。對於大點的小孩，可以把房間的門上鎖，然後事先聲明你們不想被打擾。如果不慎被小孩闖入，記得保持冷靜，小孩懂得你們情緒性的暗示，如果你們可以處之泰然，就不會對他們的心靈造成困擾。

另一種做法是，當你想要無後顧之憂地享受獨處時間時，可以暫時把小孩託給祖父母、朋友或者姊妹們。拋開所有疑慮吧，性愛才不會讓你們變成不盡責的父母，反而會讓家庭關係更美好。

引誘 Seduction

如果使用古老的定義，引誘這個字是指「慫恿某人去做可能會令他後悔的事情」，但這個解釋不好。而大情聖卡薩諾瓦，因為被誘惑、被施壓、被迫做出某些的行為的程度，就像他無法抗拒勾引女人的衝動一樣，但卻不會只是感到後悔，有時還會激起高張的情慾來進行性交。

如果是使用「當你們同時想要的時候，向某人求歡」這個定義，顯然比較適當。基於意志上清楚的准許，會得到更好的效果。專注、恭維、清楚的意圖、輕輕的愛撫、纏綿，想像某人想要求愛，另一方值得被追求，這一切都極具說服力。

在一段穩定的關係中，應該試著去回應伴侶的引誘。男人在這方面的選擇較少，如果他們不想要，就真的沒辦法，但是，有時性愛也會在時間緊

迫或小孩的尖叫中變得毫無誘惑，即使伴侶仍可提供溫軟的感情與敞開的臂膀。你們至少可以先互相愛撫、親吻幾分鐘，看你們的慾火能不能被點燃，即使你性趣缺缺，還是會有反應的。不要認為伴侶有義務和你性交，也不要認為你有權力要求性愛，因為兩者都有被拒絕的可能。

在一段新展開的關係中，引誘是一個困難的遊戲，可能會因不同的文化背景而有不同的做法，但是，一旦你願意，就要直接說出來。更重要的是，要確定這些引誘是在你感覺舒服的狀態下進行的，像是清晨初醒或意識清楚的情況，千萬不要在你無法控制的狀況下（酒醉、吸毒、情緒性的脅迫）答應。只要是出自於罪惡感、為了盡某些責任，或者當你沒辦法進行安全性行為時，都應拒絕。

如果一個新的伴侶想勉強你性交，就是把自己的享樂看得比你的感受更重要，那麼他們就不適合你。這個評斷準則男女皆適用，你要相信直覺，明確地拒絕。

有些引人注目的網站還提供「引誘技巧」的資訊，那是一套需要實地訓練的課程；通常是為男人設計的，教男人如何表現得更受歡迎、如何找到女人想要的，以及聰明而充滿感情的進行引誘。這種訓練的結果，很像在增進犯罪能力，提升讓目標上鉤的成功率。甚至有些網站或書籍專門教人如何「犯罪」或「釣魚」，像是把手淫當作「讓她覺得不安」的手段，或者要妳「故意不打電話，吊吊他的胃口」等誘惑招數。

貝爾・福特醫生曾說，「把你的渴望謙遜且堅定的傳達給適當的人，隨它自然發展，靜待對方的回應。」這樣的引誘，對我們多數人才是真的有用吧。

共浴 Bathing

鴛鴦浴，與性愛相輔相成，也是最佳序曲。即使是平常的共浴，也自有魅力，不過，總有一方的背部會一直頂著水龍頭就是了。兩人互抹肥皂（特別是對女生，先把身體沾濕，然後抹上肥皂泡泡的過程），或互相擦乾身子，都是一場「肌膚之親」。這些通常是許多樂子的前奏。

性交後的共浴，提供了返回家居生活或工作的緩衝。現在還有一種較大型、可以促膝而坐的浴缸，或者可以選擇按摩浴缸以及泡澡盆，天天享受共浴的樂趣。

一邊洗澡一邊做愛是很好玩的。例如在淋浴間，你們若身高相仿，那就

有好事發生了。在住家或飯店中，蓮蓬頭通常最容易被愛侶們拿來利用的道具，但別拉扯得太用力，免得壞掉。具有水療效果的移動式淋浴設備也不錯，但是水柱不要直接朝陰道噴，水壓的力道如果太強，可能會造成內部受傷。

大部分家庭或飯店的浴缸都不會太大，在裡面做愛簡直礙手礙腳，除了新鮮感之外，實在沒有什麼值得一提的地方。比較容易進行的方法是，讓女方坐在浴缸上，男方則在浴缸外使用防水的情趣用品向她調情。

在戶外邊共浴邊做愛，又是另一回事了，不過要確認一下當地習俗和法律。在水中做愛的好處是，可以享受類似失重或飛翔的快感，有些女人可能不夠輕盈，做不到類似瑜伽那些扳扭肢體的姿勢，泡澡共浴就可以達成這些特技。

而在氣候溫和的區域，入夜以後的海水也是很好的選擇。就算是白天，在那種地勢相當傾斜的海灘，也容易發現一些隱密的角落。即使全裸飄在海面上，遠觀者可能以為只是救生員在執行任務罷了。至於游泳池則有扶手與階梯，可以變出一些花樣。

儘管海水冰涼，可能會使慾火中燒的男人打冷顫，讓勃起增加點困難，但水本身並不會妨礙摩擦力。所以，如果可能，男方先插入女方，兩人才入水，不失為好點子。我們並未聽過在海水中抽送，會造成任何運動傷害。

如果你們能到無人的海灘，就可享受在海潮中做愛的超級樂趣。但沙子是個大麻煩，而且事後好幾天身上都還會有沙子。浮墊就像水床一樣，但要想待在上面而不落水，可得花好大的精神呢。

我們也聽說有人把做愛跟游泳，甚至是深海潛水結合起來，不過還缺乏實際的資訊。在水底下做愛，如果不光只是象徵性的接觸，那就需要大量的空氣，畢竟在高潮時，大口喘息是免不了的。

共浴
與性愛相輔相成，也是最佳的序曲。

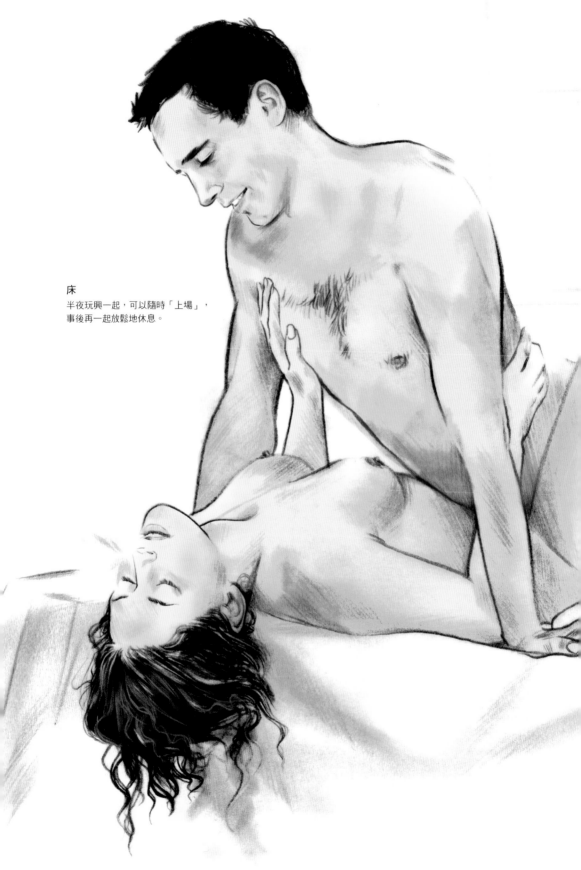

床
半夜玩興一起，可以隨時「上場」，
事後再一起放鬆地休息。

床 Beds

　　就功能而言，它仍是最重要的家具。通常在某些嘗鮮的情況下，會有一兩次火辣的性愛，幾乎將屋子裡所有的家具都派上用場了，而床最受人歡迎。市面上的床，大部分都是針對睡眠設計，但問題來了，做愛需要較硬的床，偏偏睡眠用的床以舒適為訴求。

　　解決之道就是備妥兩張床，一張做愛，另一張睡覺，不過，這建議有點奢侈。何況，做到一半忽然要勞師動眾地換床，無疑破壞了夜晚的氣氛，畢竟完全放鬆，才能釋放充足的愛。形形色色的床，用來做愛看起來都很誘人，不過仍以大型的雙人床最適宜。

　　在你同意我們上述的意見之前，有幾個要點應該先考慮。首先，既然做愛常會用到床沿，那麼床的高度必須慎選。床面最高水平點的正確位置，應與男性恥骨的位置齊高，如此男人若把伴侶往上一放，不管前插、後插，位置都可以恰到「好處」。另外的一些活動，特別像是玩綑綁（假如你們也樂於此道），床柱就變得不可或缺了。基本上，床面高一點比較好，比方那些有垂吊布簾支架設計的古董床。但不要挑選那種床架尾端架高木板阻隔的床，因為你也許會從床尾開始占有她，無論是從前面還是後面（參見「綁縛」）。

　　那種老式大尺寸的床墊頗有優點，不會搞得嘎嘎響或不小心跌下床。床墊的軟硬最好是不妨礙你舒服入睡的「最硬程度」。生活與睡在一起所帶來的性歡愉，無可比擬，當半夜雙方玩興一起，便可以隨時「上場」，最棒的是事後你們可以很放鬆的休息。如果你們有自己的房間，那麼不妨多放一張單人床，以備伴侶其中一人生病，或想自己睡得舒服一點時，不然，分開的兩張單人床，對性愛來說可不是個好主意。

　　除了床以外，還需要四個枕頭。兩個比較硬的枕頭，可放墊在臀部下方；兩個軟的則是睡覺用的。房間內必須一年到頭都溫度適中，才不會睡到一半著涼，而且如果你們喜歡，還可以裸睡。羽毛被比毯子好用，因為

接吻
利用舌頭做深吻，很像是第二類插入。

羽毛被可以貼著你的身體，不因姿勢變化而造成任何束縛感。

　　水床因有美麗的燈飾與搭配而令人充滿懷舊之感，但過去也不常見。不過它能製造出相當舒服的觸感，而且有天然的律動性。只是有時可能會易客為主，變成人們必須去配合它，而約束了身體對外來刺激的感受。

接吻 Kisses

　　某種程度上，接吻，其實不需要人教。但正因如此，它也很容易被人們輕忽，視之為一種點綴的玩意兒（參見「真正的性」）。在面對面的性交姿勢中，嘴唇與舌頭的接觸，能助長性愛歡愉。假如女方有意追求整體的性愛感受，那麼親吻乳房則妙透了，而親吻性器官，更是對彼此溫柔的表示。親吻，能落在身體的各個部位，嘴巴、舌頭、陰莖、陰唇或眼睫毛——它可以是輕輕一啄，也可以留下見證的吻痕。

　　許多人在性交過程中，都保持不斷地接吻，因此偏愛採取面對面的姿勢。利用舌頭做深吻，很像是第二類插入。這時，男人的舌頭與陽具抽送的頻率剛好上下呼應。或者，女方也可以用舌頭來「插入」男方，回應他頂撞的韻律。也有些人偏好純舌戰，能夠接吻長達數分鐘，甚至幾小時，而不必發生任何插入動作，就能為女方帶來高潮。這種非涉及性器官的重量級接吻，有個異國情調的稱謂，叫做「maraîchignage」。假若你們有獨處機會，先從乳房下「口」，然後漸漸地移至其他地帶。

　　另一種愉悅，是由你一口一口的細碎之吻，覆蓋她的每一吋肌膚，讓她有如置身花毯上一般；然後，她也能回報，以口紅印下沿路吻過的記號（參見「舌洗」）。不像男人那般，女人擁有兩張嘴唇可供親吻，有人就可以同時善用兩者。眼睫毛也有妙用，能當作工具去親吻奶頭、嘴唇、龜頭和皮膚。

　　如果男人尚未親吻過女人的嘴、肩膀、脖子、乳房、腋下、手指、腳趾頭、腳底心、小腹、私處和耳垂，那麼他還不算真正地親吻過女人哩。在這全套的親吻作業之後要搏得由衷的讚美，何難之有？受寵的女人也必定回報相同的方式。

　　一個出色的接吻者，會讓對方感到透不過氣，但絕不是窒息（至少保留一個呼吸孔）。還有，沒有人喜歡自己的鼻子被過分擠壓。記著，在做愛前要刷牙漱口，因為如果你嘴裡殘存酒精或大蒜味，對方馬上就會聞到。

蜘蛛腳 Pattes d'araignee

　　所謂「蜘蛛腳」，是指法國式的搔癢式性愛按摩。利用指腹，以最輕微的觸碰，如搔到皮膚上肉眼難見的纖毛，就是恰到好處。避開性器官，往次要的敏感帶下手：奶頭及其四周、脖子、胸口、腹部、手臂與大腿內側、腋下、背部的凹陷處、腳底心、掌心、陰囊、陰囊與肛門間的會陰地帶。雙手並用，一隻手始終保持在身上游移，另一隻手則不時製造出驚奇效果。

　　整個蜘蛛腳的概念，是極微輕柔的觸摸，引起靜電感應，而非搔癢。羽毛（參見「羽毛」）、指套（「參見「手套和指套」）或按摩棒（參見「按摩棒」），各自傳遞相當不同的感受。假如你夠機靈，別忘了還有腳趾頭能派上用場。

　　另外，在不同部位的毛髮，如眼睫毛，都能製造各種質感的觸碰。法國人傳統的指尖技巧很難學，但享受過的人都念念不忘。即使是對那些皮膚感覺不太敏銳的男士，蜘蛛腳也很管用，舌洗（參見「舌洗」）則是另一種好技巧。

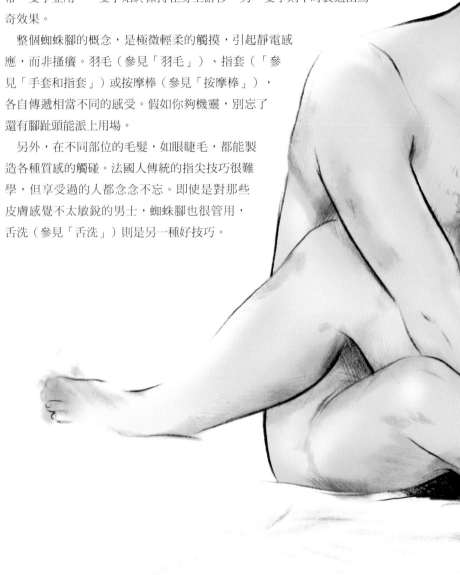

蜘蛛腳
要領就在極其輕柔的觸摸對方。

搓揉 Friction Rub

「洗髮精」(shampoo)這個字的原意，係指對全身的輕柔搓捏。用按摩油相互馬殺雞還挺舒服的。坐下來，好好按摩，不管是一起動手，或輪流享受。潤滑液或肥皂泡沫，都是很好的道具。（順著身體輕輕揉捏，避開傷疤與傷口等身體脆弱的部位，也不要在性器官或肌肉比較少的骨頭上用力施壓。）女人用手指輕捏他的肌肉，喜歡的話，也可以加上按摩器來輔助。男人揉捏她的乳房、臀部、腰部和脖子。一旦抓到要領，舒服感絕對值回票價。

羽毛
以柔軟的羽毛體驗異國風情，硬梗的羽毛享受快感刺激。

很多人在按摩全身時，總是到了性器官時就打住，接著洗個鴛鴦浴，就跳到性交。在整套過程中，精液可能就是揉捏按摩最好的按摩油，但量太少，也總是來得太晚，瓶裝的潤滑液是最佳的替代品。

羽毛 Feathers

有些人建議用羽毛來挑逗皮膚（這偏重於乳房、身體表面，而非性器官、手掌和腳底心）。可以試試看柔軟的孔雀羽毛，體驗一下異國風情；那種硬梗的羽毛，則能帶來刺激；情趣商店販售的「撢子」也是不賴的選擇（參見「蜘蛛腳」）。

春藥 Aphrodisiacs

　　歷史記載以及民間傳說無不充滿「引人情慾」的食物，這些包括：象徵性的（長得像陽具的食物，比如蘆筍……），嗅覺的（如魚類、剛採收的番茄，它們聞起來都有腥味），或者神祕的（巴西女人都被教導以她們的底褲過濾咖啡，然後讓男友喝下）；《印度愛經》大力推薦香料食物；大情聖卡薩諾瓦則推薦生蠔；阿茲特克國王蒙特祖瑪則宣稱，一天五十杯熱可可，能讓他妻妾成群。

　　這種迷信是可以理解，因為慾望非常重要，缺少慾望的人將形同枯槁。因此人類老想要知道創造並控制慾望的祕方，直到今日，這個解藥依舊遙不可及。據說這個祕方的主要成分是一種催情劑，包括前面提及的巧克力，雖然是毫不起眼的東西，卻有一點實際功效；其他過分刺激的東西，像是傳統的西班牙蒼蠅，以及其他現代的化學藥品像是戊烷基與硝酸鹽合成物，則對健康有害。

　　在這方面，我們必須感謝當代藥理學的貢獻。睪酮素對男女都有用，多巴胺則益於女人。市面上還有一種吸入式鼻腔噴劑，能使大量帶氧血液迅速流向腦部，造成飄飄然的放鬆感，並被認為能夠對抗憂鬱。

　　科學研究發現，情感也能變成一種催情劑。當極度的憤怒與恐懼快要扼殺慾望時，各種溫柔的情感則能撥亂反正。所以情侶吵架總是床頭吵床尾和，急躁的性慾會轉化成熱情，而對於「安全」的焦慮則會引起性慾。

　　悲傷的情緒對催化情慾也很有效果，如果你發現自己在痛失親人之後很想做愛，這很正常，不代表你是冷酷無情的人，這反而是一種體驗生命最原始的方法。

　　一般來說，通常大多數的情侶都會接受古希臘悲劇作家尤里皮底斯（Euripides）的建議，為了助興和放鬆而喝一點小酒，並搭配適合的食物。因為這邊有個真正的祕密：當你真的認為春藥有用時，它就能發揮最大的功效。如果魚子醬、香檳、草莓能夠創造出這樣的心情，它們就有用；如果漢堡和洋芋片被你們當作「今晚的催情聖品」，也一樣有用。其實，沒有什麼祕方能夠催情，那只是一種錦上添花或雪中送炭的工具，重點是，只要「天時、地利、人和」，什麼都有效。

性幻想 Fantasy

　　這是真的：百分之九十的女性與幾乎百分之百的男性，還沒開始發育前，就已經會性幻想了。心理學家把性幻想視為人們內心有禮教的一面與禁忌慾望之間的橋樑。小孩子會透過性幻想來遊戲、熱戀、耍叛逆、欺負別人，以及被別人欺負，但是有時當個「乖寶寶」也是靠著性幻想。心理學家會說，這是一種刺激：當我們的大腦產生性幻想，身體就會跟著回應，性幻想通常會連結到睪酮素，它大致上能用來解釋為何有性別上的差

性幻想
當大腦產生性幻想，身體就會跟著回應。

異。但別把這種差異看得太認真，某些男人，特別是在壓力之下，是很難性幻想的，某些女人，卻能透過性幻想攀上高潮的巔峰。

來破除一些性幻想的迷思吧，它並不是性壓抑或性飢渴者的避風港，當我們有過更多次的性幻想後，就會更容易得心應手。我們有時候會像著了魔似的無邊無際地幻想，但這樣的想像並不會使我們害怕，因為我們不大可能將想像付諸實行，也不曾這樣做過。我們最想要的是直接拍一部自己的電影，自己扮演主角、被人崇拜、照顧、和生活中難以觸及的對象做愛、做些禁忌的事，像是在高速公路上、在帝國大廈的頂樓，和所有頂尖的球員或者和所有的啦啦隊員性交。我們知道這些在真實世界裡是永遠不可能發生的，這是重點，也是最讓人放心的地方。

如果你有了這些點子，卻不知道如何開始，表示你需要被「啟發」。放鬆一點，你不是在扮演奧斯卡最佳男女主角，所有真實生活中的小細節才是幻想的基本素材，所以，請進入個人記憶裡（或回想一段你最喜歡的情色小說）。回想，重播，然後投入。女人比較容易編織故事情節，男人比較容易創造單一場景，而且常是和不同的對象。關鍵是讓這場電影繼續播放，不要猶豫，這是你能完全掌握的地方。你沒有必要向伴侶傾訴幻想的內容，除非沉默讓你有罪惡感，或許可以把性幻想的內容告訴你的心理諮詢師。相同的，如果伴侶的幻想嚴重困擾著另一半，就應該好好討論並做一些調整，沒有人可以強迫另一人去接受他們討厭的事物。一般說來，性幻想也是運用相同的策略。不設底限的伴侶會互相分享內心的綺想（假如你個性比較害羞，試著在瀕臨高潮那一刻，讓想像力自由飛翔）。

溝通良好的伴侶們都希望一探對方的性幻想，並融入做愛的「菜色」中，沒有比這種溝通更完整的了。假如對方的性幻想並不符合你的想法，放心，只要加以回應，你還是會有生理反應的。所以輪流說一句具有挑逗意味的話，編織整個故事。兩人互相按摩，在性交之前先製造一個「前情提要」。問問伴侶，當你們獨處、做愛的時候，他或她最想看到你穿什麼，然後下一次，就這麼穿上它吧！當兩人共同經歷了幾次深度的高潮後，就能漸漸分享所有稀奇古怪的性幻想。

下一步最好的就是行動。但是要小心處理性幻想與真實之間的差異。性幻想的重點，在於你所想像的往往是你最惶恐的地方。特別是在光天化日之下扮演「額外的角色」，挺令人提心弔膽的呢。如果你的性幻想是「三人行」，試著閉上雙眼，然後假想你的伴侶的手是那個第三人。這比起真

的搞3P，還是比較安全的做法（參見「群交」）。

　　角色扮演是另一種方式，也較易被人接受。因為，所有的事情都在你能掌控的情況下進行。可以在房間裡放些可能需要的道具，然後扮演男主人、女主人、英俊的醫生，或者可愛的鄉村女僕。男人可以是國王，被他挑中的婢女必須裸體進入不開燈的臥房，然後從床腳鑽入被窩，沿著男人的身軀貼爬而上，等候他的寵幸與歡愉。女人可以扮演縱情魚水之歡的武則天，享受男人的殷勤與寵愛。兩人輪流扮演對方喜歡的角色，會有極為不同的感受！

呼吸 Breathing

　　《印度愛經》十分講究呼吸法的運用，這不只是一種神祕儀式，也是雙方性交前的一種連結。不管是站姿、坐姿或平躺，都要使用腹式呼吸法，繼續做，直到你們的呼吸頻率同步，然後慢下來，一次次的呼吸，直到氣息既深沉而且穩定。（如果呼氣有異味，有可能是吃了香辛食物或吸菸的關係，刷個牙就好；如果仍然口氣不清新，建議你和牙醫約個時間吧。）

　　想要激起情慾，深深吸一口氣，想像這股氣向上穿過你的腦門，然後慢慢吐氣，利用鼻息發出聲音，同時提肛（參見「愛肌式」）。如果做愛之前，先進行呼吸練習，這種譚崔式的「火焰呼吸」有助於快速醞釀性能量；如果性交同時進行呼吸法，能讓你們的節奏一致。

　　善用呼吸對達到高潮很有幫助。男人可以用鼻子吸氣，將氣送到腹部，緩慢且穩定地讓身體將背部挺起來，一旦準備妥當就能達到最高潮，同時繼續用嘴巴做短促而快速的換氣。至於女人可以用的小把戲，則是當高潮難以達到的時候，去嘗試所有還沒做過的招式，不管是閉氣還是吐氣。

　　有些人並不是用呼吸來引起情慾，而是用閉氣的方式。利用憋氣，情慾就會油然而生。北美的因奴伊特族（Inuit）早就知道這個方法，法國軍隊在越南的戰爭後，就將這個方式帶回歐洲。你可能快要達到高潮時，會不由自主地憋氣，試著從容且規律的摒住呼吸，直到自己彷彿快要小死了一回一樣（參見「高原期」）。除非是伴侶提出要求，否則不要悶住伴侶的鼻息。1970年的情色經典電影《感官世界》就對窒息性愛有很美的詮釋，但是男主角最後卻死於非命，至於他是怎麼死的，我們就不多講了。用頭下腳上的做愛方式，同樣可以體驗那種窒息感，而且安全多了（參見「倒轉式」）。

舌洗
用舌頭在伴侶身上展開深長、
緩慢、大範圍的搓磨。

吹氣
能讓你的伴侶情慾高張。

舌洗 Tongue Bath

　　在你的伴侶身上，以三公分大小的面積，一口一口有計畫地舔，興致來了，就將對方綁起來助興。然後，用舌頭展開深長、緩慢、大範圍的搓磨。準備一杯水，方便隨時潤口，或輕咬自己的舌頭讓口水流出來。不妨從背部先舔，再轉過身舔正面，最後才進入性交、口交、愛撫的定位。

　　假如是女人舔，還可以跨騎在男人身上，將張開的陰部或快或慢地以平均且有計畫性的方式，在男人肌膚上磨蹭、挑逗。這是克羅西亞女人變化多端的性交技巧上一定會使用的。迷你版是以相同的方式，在特定的身體部位上進行。

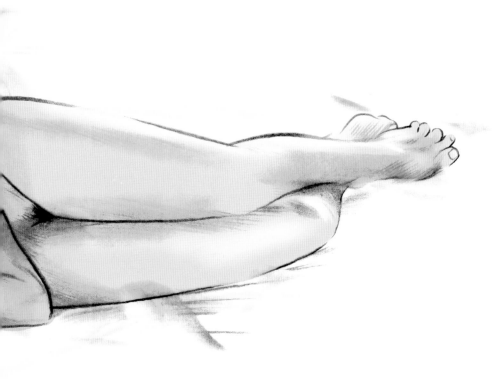

吹氣 Blowing

　　這是指用嘴唇，或用關掉熱風功能的吹風機來製造氣流，輕吹過身體的每一個部位（最好是全身乾爽時）。把性感帶弄濕的最佳之道，便是派舌頭出馬。然而，也可以盡情、自然地在淋浴或泡澡時開始。若嬉戲的時間拉長，可以藉由潤滑液或園藝用的水霧噴槍來輔助。想更另類一點的話，可以在情趣商店找到各種調情用品或噴霧劑。

　　不管男人或女人，當潮濕、敏感的肌膚被吹氣，都會感到一股奇妙的冷顫。不信？在小範圍內來一場實驗吧，以你最天然的裝備，口水與呼吸試試看，答案馬上揭曉。小心，假如是在耳垂上活動，那麼只能吸氣，不要吹氣，否則會讓對方耳鳴。

　　至於身體的其他地方，是將嘴巴與皮膚維持三公分高的距離，穩定地吹氣。這是舌洗的自然延續（參見「舌洗」）。除了手掌與腳底心之外，為了更佳的效果，建議使用吹風機，結果可能比慣用的羽毛還刺激。試試把吹風機跟羽毛一起用，將一把羽毛用線頭綁在吹風機的噴嘴上（參見「羽毛」）。別用太強烈的風，也千萬不要對著陰道，或任何其他身體的入口吹氣（口腔除外）。（參見「真空吸引器」、「風險」）

愛咬 Bites

印度的性愛專家對咬的分類五花八門,包括輕柔的咬(適用於陽具、乳房、皮膚、手指、耳朵、陰唇、陰核和腋毛),這些都屬撩人的餘興節目。有些人在高潮時,非要用力咬才能盡興;但對多數人而言,就像面對其他的疼痛感覺一樣,這樣做很倒胃口。

記著,伴侶常會把希望你對他們所做的舉動,先在你身上操作一遍,明白了這個祕密,便可以在性愛中無往不利。

會留下瘀痕的愛咬,並非真的是咬出來的,而是大力且連續吸吮的結果。不論出現在脖子上或其他部位,對不少情侶來說,都像是一種提醒,是精彩鏡頭重播,每次看到咬痕,就會更激起做愛的狂野。和你的伴侶多加練習,事先確認對方是否可以接受愛咬,如果不喜歡,就輕輕地吸吮。

愛咬
溫柔的輕咬，狂野的揉捏，留下愛的印記。

如果力道太大，冰塊可以舒緩留下的傷害，然後擦點軟膏或撲點密粉來修飾。但是，尖銳地掐捏皮膚，絕不是什麼好的催情術。

在吸咬性器官或身體任何部位，或是瀕臨高潮之際，就更要當心了。下顎痙攣時，咬起來可是很嚇人。事實上，快到高潮時，應該避免嘴巴裡還含著乳房、陽具或手指頭。真有咬東西的衝動的話，可以拿布、頭髮替代。愛咬似乎是反射人類狂喜情緒時的哺乳動物特徵，所以在進行有風險的性行為時，更要謹慎。

自慰 L'onanisme

　　即使你有過很多性經驗，仍會想要簡便、不假他人之手的自慰。不只獨處時才會自慰，性交時如果渴望再來一次高潮，或想要掌控自己身體的不同反應時，也會這麼做。（女人也可能在月經期間，用自慰來緩和不適或代替性交）。

　　自慰本來是不受約束的行為，古老的埃及人認為，他們的世界是由阿托姆神（Atum）手淫射出的精液所創造的。後來，這種自我尋歡的方式，隨即被一種反對勢力壓迫，批評者開始提出將精子跟意識形態、宗教等議題扣在一塊的說法，宣稱因為手淫而「濺出的種」是一種浪費與褻瀆。

　　到了十八世紀，瑞士心理學家山姆奧格斯特・提索托（Samuel-Aguuste

Tissot）則對手淫提出一個謬論，將它與持久度做了完全錯誤的連結，直到今天，即便自慰已經洗刷冤屈，但相關負面印象還是影響了許多人。因此，讓我們釐清一下：如果某人自慰，並不意味那個人的性生活不美滿；如果某人的伴侶自慰，也不表示他或她無法得到性滿足。自己關起門來自慰當然與伴侶間的性愛大不相同，但是自慰並不是一件羞恥的事，就像口交是性交的另一種類型一樣。我們可以，也應該同時享受這兩種樂趣。

　　不管是單獨自慰還是和伴侶一起，可別永遠都只用那一百零一招。個人習慣的手法當然比較快也比較容易達到高潮，卻也可能了無新意，錯過其他獲得高潮的方式；多嘗試一些變化，會有更多可能性喔。所以，把自慰當成一種性交的變化吧，多變換一些姿勢，比如在枕頭上擠壓磨蹭，或使

自慰
在伴侶面前獨自達到高潮，是獻給對方最棒的禮物之一。

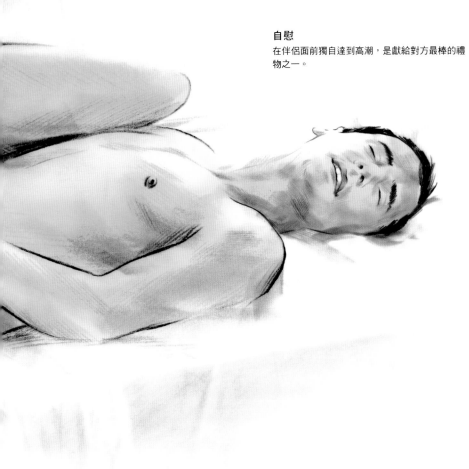

用假陽具助陣，或在沐浴時用按摩棒體驗不同的刺激。網路上可以找到各種千奇百怪的自慰方法。

　　伴侶間不要只是默默看著對方自慰，而是應該去了解對方的手法。在伴侶面前獨自達到高潮，對另一半來說是個非常大的禮物。男方都需要近距離的觀察女性如何自慰。六○年代的性學先鋒馬斯特與強森（Masters and Johnson，注釋1）的研究報告早就指出，每個女人的自慰手法都不盡相同。女人也必須接受男伴的自慰行為，如果能藉此勾起情慾，然後順水推舟，那會更有看頭。

　　某些發現伴侶自慰的女人，會有被遺棄或被拒絕的感覺。如果妳睡到一半，發現床在微微震動，可能是男伴以為妳睡著了，自己正玩得起勁。這時妳可以打斷他，換妳火力全開來幫他手淫，或來點更猛的，一開始先慢慢撫弄他，然後暫停一下，把他綁起來，讓他看著妳慢慢的以各種姿勢自慰，直到他飢渴難耐。

　　眼睜睜看著女人以自慰達到高潮，他卻看得到摸不到，這對多數男人來說是相當難以抵抗的視覺快感。妳得確認他真的動彈不得，先看著彼此各自自慰獲得快感，再將他鬆綁，一起做愛達到最後的高潮。

戲鬥 Fighting

　　所有的情人都曾經驗過一些偶然的爭吵，如果那些爭吵並未激起情侶們的激情，那麼爭吵對於性愛來說，就毫無幫助。

　　大部分的情人，對某些風俗認為戲鬥具有引起興奮的激情效果都毫無所知。但我們要先釐清，無論男女，都不可以在戲鬥中施以暴力，或任何一方不想接受的行為，雖然大多數施暴的一方會在事後道歉，但是這種行為有一就有二，很容易延續並且加劇（參見「參考資料」）。蓄意的暴力可能造成伴侶的死亡或傷害，千望不要把暴力和戲鬥混為一談，而且不要讓暴力有再度發生的機會。當你遇到的時候，最好馬上離開現場；嚴重的話，最好報警處理。因為，暴力分子是愛情所不容的。

　　讓我們回到正題。抱持著對愛的概念，我們對性行為中一些基本的、調情的、帶點攻擊性的動作會感到不安，以致我們會把調情式的戲鬥與真正的憤怒搞混。那種真正的爭吵打架，會把場面搞得很難看，甚至必須向外求援，一點也不是性愛裡用來催發情慾的暴力。在性裡面我們需要一些能量，情侶們有時想跳脫黏膩的情愛，加一點「狂野」的行為很正常，但是

想要達到目的，應該更明白遊戲規則，而非拿爭吵來助興。的確，另一半若是太溫柔，根本「狠不起來」，一碰到對方想玩「來強暴我」的遊戲就傻了。畢竟，多數男士（或女性）從小就被教導不能對別人粗暴。假如他真的是非常溫柔的人，那便很適合來戲鬥一下。然而，假如能用溝通的方式，引導他或她學會這招性愛遊戲更好，就不必冒險演變為日常生活中那種真正的惱怒和沮喪。如果對方太溫柔，那麼教導他，不要激怒他。

假如你的伴侶脾氣正常，不會因為遊戲而出亂子，那麼有時想玩玩戲鬥之樂，千萬不要感到羞愧（大多數人都會）。但不要太依賴，把這當作唯一的快感來源，也不要拿來誘使伴侶飆出野性。好好把它玩成一種遊戲，並設法轉換為性愛。養成枕邊溝通的習慣，會讓性幻想出籠，不妨在瀕臨高潮之際，詢問彼此：「你希望我現在怎樣對你？」、「你想如何處置我？」所謂「現在」，是指在性幻想的層次，所以你們大可天馬行空（參見「清晨鳥鳴式」）。對人來說，象徵性的暗示會比照本宣科來得容易啟發人心。

有些伴侶超喜歡嬉戲扭打，不管是有預謀或臨時起意。「性愛摔角」是一種古老的傳統。（這也許是現在的性愛摔角常會加入泥濘的元素，或者在日本也有人把相撲視為一種性的象徵的原因）。

對那些興致太高昂的人，一定要設下些規範：譬如限制時間、不許咬傷或抓傷。有些人覺得適當的暴力已經足夠；有些卻趁機「把生活裡累積的垃圾倒出來」，指責對方。不要把生活中的對錯，搬到遊戲場所。

懂得享受蠻力情趣的男女，通常能從被牢牢箝住、陷於無助而必須抵抗的情境中獲得快感。只要了解遊戲的規則，那就沒什麼好怕了，把性愛暴力遊戲不慎玩成野蠻遊戲，或引爆兩人共同生活所積壓的怨氣，都是可以避免的。事實上，玩得好的戲鬥，反而可以發洩掉生活中的野蠻和怨氣。

說了半天的暴力，可不意味著我們排除了溫柔元素。假如你還不曾了解性愛間的暴力可以是純然的溫柔，也可以是帶著些許暴力色彩的溫柔，那你還不算真正的愛人。萬一你們真的吵架了，那麼請床頭吵，床尾合。至少，床，是吵架最好的終結地點。

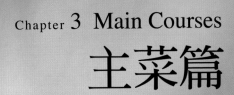

Chapter 3 Main Courses
主菜篇

姿勢 Postures

有史以來，經由性愛導師們前仆後繼地想法子描述或命名的性姿勢，總共可以追溯出六百種之多，這項收集，明顯地反映出人類有分門別類的嗜好。 大部分普通的性姿勢，是自然而來的，就算那些被視為稀奇古怪的姿勢，也是人們基於好奇心實驗出來的結果。我們唯一懊惱的是，從古阿拉伯、印度、中國流傳下來那些優美名稱的真正內容，都已經失傳。

如今，多數的人大致知道幾種較常見的姿勢，了解哪些適合快炒的高潮、哪些會助長文火慢燉的快感，也都曉得如何將它們串起來。有些人也許因為象徵性的心理因素，或是受限於生理上的條件，只能藉助一、二種姿勢達到高潮。

透過觀察，將有助於找出哪幾種姿勢適合某些特殊的狀況，譬如懷孕、肢障、身高懸殊等。唯有實際去嘗試，才能知道哪些姿勢最好用，或至少會帶來高潮。伴侶間可以先從一大堆姿勢中開始試，然後才慢慢地自然縮減到一、兩種。

東方性愛經典中某些狂野的幻想，的確有其效果。在蒙兀兒帝國（十五到十八世紀中葉的回教政權）時期的繪畫中，採取跨坐的女性在手心、頭部和肩膀上都捧舉著燈做為平衡之用，或是拉弓射箭，顯示出她能全身保持靜止，僅靠陰道的肌肉控制，就能愉悅男人（參見「愛肌式」）。其餘的姿勢也十分神祕，或是需要體操技巧。

所有在本書中示範的姿勢，皆屬可行，我們已經都先行實驗過了（就算沒有高潮，也能知道適合與否），而且或多或少都能讓人有所得，值得一試。

建議你們一想到任何新花樣，就安排一場實際的演練。就好像在溜冰場或舞池內，想秀點新花招之前，總會事先躲起來磨磨身手吧。熱切

地嘗試後，若感到失望，最可能的原因是姿勢太奇巧，不然就是對某些玩法還有所疑慮，譬如綑綁，這是需要快速且有效率地操作的花樣，才能讓性愛從冰點迅速加溫。但是，你們有可能搞砸了，或亂了章法，弄得寧願沒發生過，或互相責怪是誰出的餿主意。於是，安於現狀與懊悔的結果就是，雙方都不願再嘗試。

　　即使是排練，也可能會燃起慾火，不需刻意跟實際的做愛區隔。能參與，本身就是一件好事。首先，你們在腦子編織綺想，一起坐下來計畫、排練一番。有先試穿過，到了實戰階段，才能「一套就上腳」。當你們雙方都感到相當興奮，而不是覺得可笑，但又還沒完全就緒，在等待重新勃起時，也可以去試一試。儘管，做愛這檔事，一旦做過一次就不會忘，但可別忘了，即使最有成就的音樂家，也得靠平常勤練。

姿勢
即使做愛這檔事，做過一次
就不會忘，但最有成就的音
樂家，平時也得勤練。

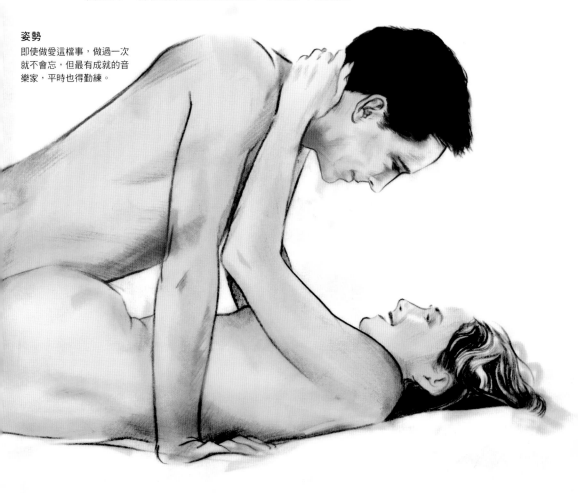

　　如果嘗試的結果，初次就奏效，那你應該會勃起。果真如此，就讓情況自然演變，放手「隨心所欲」吧。這表示你可以在每次特別時刻之前，都來場彩排，熟練各式技法，但可別就擦槍走火了。在真正上場前忍耐一下，會有意想不到的結果。

　　預演時，你必須在完全勃起狀態，盡力去嘗試新姿勢。也許你是打算先按兵不動或是等愛撫之後換下個姿勢都可以。假如在練習時撞出火花（這很可能發生），那就繼續做下去，索性讓「彩排」變成「正式演出」。

姿勢
為每個特殊時刻，安排點新花樣吧。

對她愛撫 Handwork for Her

對一般男女來說，性愛都開始於雙手的愛撫，從我們一開始觸摸自己的身體，以及碰觸到對方的，都是如此。在相互取悅的過程中，手的撫弄無法被取代，這都是基本訓練。伴侶若能夠以手很有技巧地替對方自慰，將能勝任所有雙方喜歡的事。這一代從青春期之前，就被教導關於自慰的歡愉，自然很容易進入狀況。

手部愛撫，雖無法替代陰道性交，卻能提供不同感受的高潮，譬如自慰的高潮，就跟伴侶在一起時的高潮很不一樣。在進入正式性交前，手的愛撫是一種預備功夫，能讓男方堅挺，或讓女方在被插入之前，就引起一波波的前高潮。完事後，愛撫也能自然地將雙方引領到第二回合的起跑線。

男方必須留意女方是如何自慰的。大多數男人只把注意力放在陰蒂，忽略了陰唇，其實，應該要關照整個陰部才對。對女人而言，摩擦陰蒂的效果，就像男人慢慢地打手槍一樣銷魂。

假如技巧不佳、太用力、缺乏潤滑（陰蒂本身不會分泌潤滑液）、反覆地摩擦，或高潮剛過就馬上來這一招，還是會引起不適。從女性的觀點來看，男人下手總是忽輕忽重，所以最好還是由她帶路，找到正確的位置。多數男人還以為自己已經很清楚了，其實除了偶爾歪打正著成功個一兩次，走錯路的機率還挺高的。

下面這招既能暖身，也能引發高潮：手心平放在陰戶上，讓中指夾入陰唇內，指頭在陰道裡面伸縮。手掌底部要施點力，覆在她的恥骨上方。保持平穩的頻率很重要，可以參照她臀部搖扭的頻率。還可以跟「輕柔地撥開陰唇」交替使用，接著，伸出食指或小指，對著陰蒂與其周邊的肉環全力進攻，大拇指則深深探進陰道中（別忘了剪指甲）。要讓女方更快有感覺的話，可以用一隻手展開陰戶，另外一隻手五指並用，溫柔地進攻（這種方式也許需要對女方做些綑綁）。為了避免太乾，也要偶爾搭配舌頭，不然她事後就會知道這有多痛。

整隻手的插入，很多女性都敬謝不敏，但也有人喜愛這種玩法，不僅因為那充滿的感覺，也因為它帶來的親密感。男方應該先從一根手指開始，然後兩根，慢慢加進，「拳交」是需要練習與信任的。

對他愛撫 Handwork for Him

　　一位熱中性愛的女人，若深愛她的男人，便會好好幫他自慰。而一位懂得不疾不徐、紮實細膩地幫男人自慰的女人，簡直就是最高段的性伴侶。她必須能直覺地想像那話兒的快活，壓力與動作幅度都「掌握」得恰到好處，並且算準自己下手的時間，才好呼應他的感覺。比方時緩時停，逗得他心癢難耐；或加快速度，控制住他的高潮。

　　有些男人除非被綑綁固定住（參見「綁縛」），不然很難抵擋手藝高超的調情。幾乎所有男人都禁不住那種水磨功夫的撫弄。（參見「幫他緩慢自慰」）

　　愛撫時會遇到各種情況，例如男方的包皮要不要往後拉？關於包皮，有兩個相當不同的處置方法：如果他沒割包皮，那女人可能要小心，不要摩擦他的龜頭，除非是要故意製造某種特殊情趣。最好的抓舉位置在龜頭冠狀環下方，那裡的包皮多半長到能伸能縮。

　　還有，最好雙手並用，一手用力地在靠近陰莖的底部處施壓，將它固

對他愛撫
位懂得不疾不徐、紮實細膩地幫男人自慰的女人，
就是最高段的性伴侶。

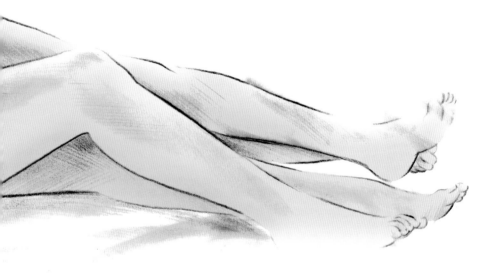

定，或順便撫弄陰囊；另一手則以拇指和食指圍成一圈，或是以整個手掌
心握緊，進行搓送。

　　1903年出版的性愛指南《感官樂園》（Les Paradis Charnels）曾明確地提
到：性交時，女人可以用手指為男人做一個人工陰道，然後以唾液弄濕掌
心，幫男人自慰當作結束。這是當時避孕的老方法，當然現在看來，顯然
並不可靠。

　　為了幫男方充分地打出高潮，她應該舒舒服服地坐在他的胸口，或採半
跪跨騎，才能慢工出細活。在每場性愛延長賽中，若想要有第二或第三次
高潮，很適合用這種代打手槍的方法。法國的色情行業均奉行不悖，並不
只是怕染上性病，而是這套技巧很值得花時間練至完美，因為它能充分表
達愛意，也能輕易運用。

　　另一種手法是，雙手像揉麵糰那樣搓弄陽具，這是為了讓它堅挺起來，
重點不在追求高潮。有時，女方也可以仿效他平常最愛的自慰方式，然後
以女方自己的頻率代勞，創造出不一樣的驚奇效果。

為她口交 Mouthwork for Her

在二十世紀前半，親吻性器官是禁忌，被視為怪異、不文明的行為，更是當時許多夫妻離婚的主要託辭。直到今日，時代進步了，市面上有指導書籍，在若干電影中也有示範演出，不管你偏愛與否，多數人現在都知道口交這門藝術，是親密過程中最棒的一部分，只要做好安全措施。（參見「安全性行為」）

至於誰先誰後，純粹看個人喜好。但若先讓女人盡情享樂，事後她會更加有勁地為你服務，所以識相的男人最好排在後面再享受。

正常的陰部氣味，是性器官之吻中一個很大的重點。這意味著兩人必須經常清洗，但未必非得在口交的前一刻才洗。雙方交情如果熟識，可以直

為她口交
先讓女人盡情享樂，事後她會更加有勁地為你服務。

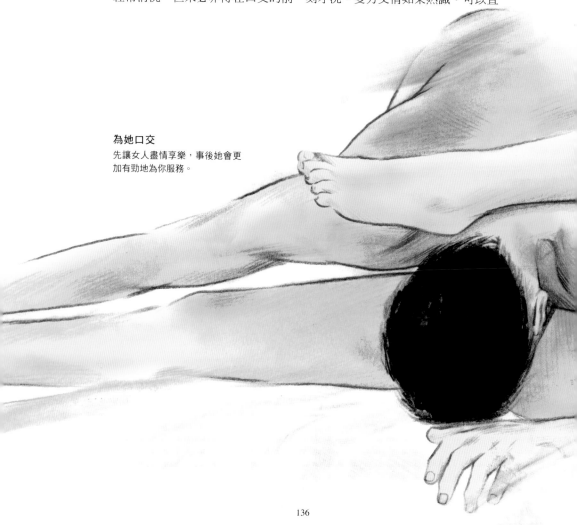

接告訴對方下面的清潔狀態合不合格。避孕器也會造成不悅的氣味，而那些製造體香劑與陰道灌洗劑的廠商，簡直沒有性常識，誰會把水蜜桃醬澆在小龍蝦上面？根本不搭調，海帶氣味或麝香還差不多。

有些女人根本沒意識到自己的體香是一項祕密武器，有些男人一聞到，便好像中了邪般頭昏眼花。那是最理想的香水，在貼身跳舞前，耳後若抹上一抹，或搽真正的香水，都可帶來「致命的吸引力」。

男人的氣味也會讓女人著迷，激起她們更持久的愛慾。現在，大家都在用肥皂清洗，使用體香劑就像廚師使用消除腥臭的去味粉一樣普遍；嬉皮世代的人可能怎麼也想不到，原來把自己洗得一乾二淨的人，也可以擁有美好的性生活。

女方被口交時，可以採取跨坐，讓自己享受一場口對「口」的熱吻。她可以先以陰唇刷磨他的嘴，然後張大唇口，深深地湊近，讓他伸長舌頭從陰道開始掃過陰核，每次經過那顆小凸粒時，別忘了用力頂弄個幾下。（參見「挑弄陰蒂」）

要是女方的體型輕巧，可以嘗試一種叫做瀑布式的姿勢，這其實就是所謂「69式」的站姿，能讓女方享受到獨一無二的舌洗之樂。女方在床上橫著躺，頭部一半靠在床沿；男方則兩腳張開站在床邊，跨在她的臉龐，然後彎下腰去將女方抱起來，把她的腿架上自己的脖子，勾牢撐住。女方如果有辦法的話，可以回吻他的陽具。不過當快到達高潮時，最好趕緊將那話兒滑落到她兩乳間，或是移到手中，好讓自己全神貫注地浸淫在被舔的舒爽中。

如果女方沒有什麼口交的經驗，就用另一種方式。一開始男方跪在女方前，面對她的小叢林，這姿勢乍看不錯，但其實無法施展身手，頂多用鼻子輕刷幾下。我們建議女方上半身仰躺在床上，男方坐在床沿，側躺在她的腿上。開始先跪著好好地吻她，然後舉起她的腿，並親吻她的腳。很快地，把你的手肘滑入她舉高的膝蓋窩，將她確實撐開，然後溫柔地在她的陰唇上狂吻，直到她「開竅」，再準備迎接下一場更深入的舌戰。

越來越少女人會抗拒私處被濕吻，但仍有相當多的女人，無法真的享受幫男伴口交。有些女生的性器官若沒經由長時間的舔吻，也就是《印度愛經》大力推薦的方式，根本無法達到高潮，而這樣的女人還不少呢。而一些害臊的女性（或是男性），會在黑暗中試「吃」兩下。如果你們還沒有試過，一定要開開洋葷。

為他口交 Mouthwork for Him

稱職的口交，大概是女人能給男人最寶貴的禮物，絕對值得勤加練習。對男生來說，若女人能自發地親吻含弄他的陽具，那會是所有性愛經驗當中，最令他觸動的片刻了。

她若是採取中國人所稱的「吹簫」姿勢，效果會更好——面向他，拇指在下，其餘四指在上，抓握住陽具，嘴則對準了開始吞吞吐吐。女人技巧的好壞，得看她遇到什麼樣的男人，譬如他是否割過包皮，不是所有男人的龜頭被唇舌含舔時都感覺很爽。

有些男人偏愛陽具被緊緊握住，每次搓動時，包皮則需要蓋過龜頭，來回摩擦；但對有些男人來說，整個龜頭必須被赤裸、直接地含弄，才有如置身天堂。

性愛指南中描寫的各種口交技巧，其實都是自行摸索出來的。比方說接下來這個姿勢，就比較適合男性主動，並能快速製造高潮：女方躺著，男方採取任何能面對女方腳部的姿勢，讓陰莖可以自然順著她喉嚨的弧度深入。在女方可以承受的範圍內，盡可能將陽具深入到底，在她口中抽送。這招「深喉嚨」並不適合在初夜就使用，因為雙方得先好好溝通過。女方必須撐大嘴巴，讓牙齒外張，以唇舌充當一個稱職的陰道，盡可能讓陰莖滑入口中，邊深呼吸，邊慢慢吞下直到完全進入，然後男方抽送時可得掌控好，免得不小心被咬傷。

有些女人喜歡男人一路在她們嘴裡衝刺，直到射精，不過多數女人都不喜歡。那些不樂意被射在嘴中的女人，可以在他發射前先暫時休兵，另闢戰場，比方說，把陣地換到兩乳之間，或是以雙手壓捏，爭取脫「口」時間。這需要相當的警覺，並非每一次都能成功，而且很容易阻斷他的高潮。

但是也有些伴侶適應了這樣的口交方式，要是男方沒射精，他們還認為這個愛做得不完整呢。十八世紀的醫生約翰‧杭特（譯注2）說過：「就氣息與味道來說，精液實在不是令人太愉悅的東西，但含在口中，滋味倒有點像加溫過的香料。」

假如不是因為不喜愛口交，而是討厭它那略微苦澀、不清爽的味道，那就好辦多了。可以將陽具盡量含到喉頭最深處，讓精液「一瀉到底」，以避開舌面上的味蕾（如果那味道真的很差，他應該要多吃點水果改善）。不管決定射精與否，你們都可以事前商量。一般而言，伴侶間很容易就能

摸索出彼此的偏好。

　　有些女人說：「只要稍微大一點的玩意戳入喉嚨，乾嘔是正常的生理反應；所以，假使女人在中途突然作嘔，不見得是討厭這檔事，只是無法控制嘛。尺寸太大的陽具會強撐開嘴巴，所以請體貼一點。」

　　所以說，如果沒先問過對方就將她的頭硬推向自己，簡直是不可饒恕的床笫罪惡。男人應該讓對方掌控節奏與含入的深度才對。

　　少數的男人禁不起一絲口交的舔弄就射出來了，所以他們最好等一等，留待新一回合企圖勃起時再來享用口交，因為口交顯然是讓虛脫的陽具「起死回生」的最佳處方。

為他口交
所有性愛經驗當中，最令男人觸動的片刻之一。

挑弄陰蒂 Clitoral Pleasure

陰蒂的刺激最能為女性帶來高潮，這是性學家雪兒・海蒂（譯注3）在二十世紀中期就證實的事。除非你過去五十年都被困在叢林裡，不然你應該聽過這個所有女性都知道，卻常被專家們否認的觀點。

我們先就真實性談起，那些認為陰道高潮才是王道的性學專家們（通常是男性），忽略了兩件事：

第一，在生物學上，陰莖與陰蒂是相等的。我們現在都知道，如果要獲得跟男性同樣強烈的反應，應該從陰蒂下手。

第二，大多數的女性經驗報告都顯示，刺激陰蒂比傳統的性交更容易、快速獲得快感，也較沒有壓力，因為性交不僅要慎選體位，還得卯足全力揮汗衝刺。現在讓我們切入重點——為陰蒂服務的雙手。

男方可以把陰蒂想像成陰莖的縮小版，並對照自己的敏感帶來行動，這比直接朝陰蒂猛攻來得好。用手指或舌頭來回撫弄陰蒂柱，快速輕彈頂端，或溫柔吸吮，目標鎖定在等同於龜頭繫帶的陰蒂肉環上，就像男方喜歡被對待的方式。

所以，男人並不需要特別去記什麼步驟，只要順著自己的本能去做就行了，注意要縮小範圍就好。男性也許喜歡粗魯些，但女性需要的通常是溫柔與潤滑，這就是為什麼舌頭是最棒的工具。

有插入的性交也能夠得到相同的效果嗎？當然，它是整場性愛的重頭戲。許多女性透過性交得到心理上的極致快感，而且有些體位可以同時伸展並刺激到陰蒂（參見「貓式」）。

為了達到這個效果，許多伴侶喜歡採用女性在上或後入式體位，以便搭配雙手或按摩棒來刺激女方。（參見「占上風式」、「X形交叉式」、「後入式」、「拱橋式」）

如果只有插入可行嗎？答案是不一定。女性被插入「一定」會有高潮的說法，跟說男性被輕扯陰囊「一定」會有快感一樣偏頗，因為有些人會，有些人不會，得視個人狀況而定，硬要去定義兩性的高潮方式，一定會招致誤解。

69式 Soixante-neuf

　　男女同時相互幫對方口交，滋味不錯，但也有缺點：為了給對方最大的照料，你反而無法盡情享受。

　　當高潮逼近時，特別是女性，她們無法一邊專心口技，一邊享樂；而男人更慘，命根子可能因此被咬上一口。

　　對某些男性而言，這種兩頭口交的缺點是，女性在殷勤動「口」時，受限於角度，抵弄不到龜頭最敏感的部位，無法產生應有的快感（這解釋了為何在一些印度廟宇中看到的雕像，均採取幾近特技的姿勢，便是為了使女性能「含」中下懷）。

　　相互口交美則美矣，如果你追逐的是能充分享受的性高潮，還是輪流，不要同時來。

　　對一些伴侶來說，69式的口交象徵情感的極致表現。既然高潮一來就無法控制，所以男方得先確認女方是否能接受你在她口中射精。

　　多數書中提及女性在上位的姿勢，當然可行，尤其如果她能結合嘴巴與手的動作；不過，這可會讓躺在下面的男方，因挺著脖子而累壞了。

　　我們推薦一種「無壓墊」姿勢，也就是雙方側躺，頭尾顛倒湊攏，頭部就枕在對方的一條大腿上。這樣一來，男方還可以用手臂將女方的膝蓋舉高，撐開陰部。

　　這種互吻，可長可短。短呢，啾一下就過去了；長呢，依據滋味與速率，歷時數分鐘到數小時不等。不論長短，在整場性愛過程中都適宜。就像是餐前小點，讓人精神振奮。

　　如果女方沒有什麼口交的經驗，可以反過來，由男方先開始，接著再對調。或者，他們也可以直接先做愛，跳過為男方口交那部分，等到他射完一次精，也休息夠了，想東山再「起」之際，口交才登場。

避孕法 Birth Control

荷爾蒙避孕法的發現，跟其他避孕法比起來，讓性事更無後顧之憂。在以前，不是要在陰道裡放入鱷魚便便，就是在男人的陽具套上動物的腸子，光是因為擔心懷孕而產生的焦慮，就讓慾火熄滅了。幸好，如今大不相同了，現代的避孕法讓女性得以安全地為性而性，不用像以前那麼擔心懷孕，她們的伴侶也能鬆一口氣。

不過，效果比保險套更好的其他避孕法，使用上相對就麻煩了些，也必須遵從醫師指示使用。下面介紹的避孕法，重點不在談得多深入詳細——因為這應該視個人健康情況，由專家來為你解答——而是盡可能讓你知道，有哪些避孕方式可以選擇。

吃避孕藥雖然得要靠服用者的好記性，但仍是最被廣泛使用的方法；而注射荷爾蒙、使用子宮內避孕器、避孕貼片，以及其他類似的產品，大致來說，也能達到同樣的效果，卻不必天天惦記著要吃藥。賀爾蒙藥劑和避孕器會長時間在女性體內運作，所以使用前要先確定身體是否會產生排斥反應。

萬一發生緊急狀況，必須在性交後七十二小時內吃口服避孕藥，或者在五天內放入子宮節育環才有用。別以為只有那些不負責任的青少年才會用到這些緊急補救法，殊不知，那些生活緊張忙碌的成年人，才是使用者的大宗，因為他們不是忘了吞藥，就是把保險套弄破。

子宮內避孕器裝置在子宮頸的位置，能使子宮自然產生化學作用，達到避孕效果，這並非一勞永逸，任何東西都是有時效性的。有一些子宮內避孕器會釋出低量的賀爾蒙，可以防止某些疾病，但也可能因個人狀況引發其他病變，這是比較兩難的地方。如果副作用嚴重到令人受不了，就應該諮詢醫師是否需要更換其他避孕方式。

子宮隔膜和子宮帽是另一個選擇，同樣是靠賀爾蒙的作用。有些女性擔心在性交前戴子宮帽，會令男方倒盡胃口，使得一切變得很尷尬。如果這是女方唯一能使用的避孕方式，男方就別太誇大或注意這些它的存在吧，不僅毫無助益，也會讓女方緊張兮兮。子宮隔膜和子宮帽都可以讓雙方在生理期間，安全無虞地享受性愛。

　　保險套是所有避孕措施中，最古老、最能有效防止性病的方法，不管是固定的性伴侶，或只是一夜情。即便妳正在進行賀爾蒙避孕法，基於安全考量，還是別忘了使用保險套。

　　許多人都覺得，女人細心地幫男人戴上保險套的動作很性感——更銷魂的一招是，女方先用手指將套子放在龜頭上，然後用嘴巴幫他戴上。

　　坊間有許多具有顆粒狀或突出物的保險套，可加強對陰道的刺激，有些保險套還有延遲射精的功能呢。不管功能、款式多新穎，還是得檢查包裝上是否有品管標章。（參見「安全性行為」）

　　輸精管或輸卵管的結紮手術，是最一勞永逸的方法。前者就是切斷輸精管，阻擋從睪丸出發的精子；後者是阻斷輸卵管，讓精子和卵子無法相遇。男性的輸精管結紮比較簡單，僅需要局部麻醉陰囊，但輸卵管手術就是個大工程了。不論何者，最好在術後一段時間才能完全不避孕。需要注意的是，這兩項手術容不得反悔，如有疑慮，就不要進行。不過，現今保存精子及卵子的技術很普遍，要再生育也不是不可能。

　　某些宗教信仰允許自然週期避孕法，但這需要雙方非常精準的計算跟忍耐。還有人會採取體外射精法，但射精前通常會有少量精液排出，避孕效果很差。其他既令人膽戰心驚又不見得有用的避孕迷思還包括：月經期間性交、陰道灌洗、事後女方打噴嚏或小便、站著性交。

　　如果意外懷孕了，趕緊去看醫生吧。現在的墮胎技術很高明，對身體的傷害也降低許多，但那並不表示情緒上的創傷就沒了。不僅是女方，男方也許也會對這個決定產生悲傷的情緒。不管是否決定這麼做，事前事後都應該及早尋求專業的生理及心理協助。

　　總結來說，避孕與否得看動機為何。大多數的狀況下，避孕還是必須要的，這並非責怪不避孕是滔天大罪，而是在提醒各位「預防勝於治療」的重要性。

　　如果你們真想要懷孕，不管是希望有個小孩，或者想藉此拴住另一半都好，只要弄清楚動機，就是一個值得下的決定。

避孕法

更銷魂的一招是，女方用手指將保險套子放在龜
頭上，再用嘴巴幫他戴上。

勃起 His Erection

　　勃起是男性活力的極致象徵，也表現出對女性的高昂興致，即使當時的環境不允許你們長驅直入，女方仍是會覺得備受恭維，這種基於對妳的慾望而呈現的雄性反應，並非他腦子可以控制的，也假裝不來。

　　由於勃起的模樣看起來孔武有力（讓人潛意識地覺得有威脅感），所以這類圖像常被查禁。

　　勃起是因為奔流的血液衝往海綿體，讓陰莖從垂軟變成硬挺的狀態。從出生前待在母親子宮裡，直到長大老死，除非是生病，不然這都是很自然的生理反應。只不過，勃起的角度會隨著年紀增加而減少：二十歲的年輕人，平均可高舉至水平面以上十度，到了七十歲，可能還有水平面下二十五度的功力。別太緊張，只要還有反應就不算太差。相同的，夜間或早晨的自然勃起，並不代表欲求不滿或是好色，這是因為腦部活動受生理時鐘機制干擾所致，最好就順勢處理一下。

　　勃起時間太長是一種陰莖異常勃起症（Priapism），該命名起源於古希臘的田園之神普里阿普斯（Priapus），因為他老是挺著一根巨大、堅硬如木的陰莖。這種情況非常稀有，但如果你並未服用任何壯陽藥，卻持續勃起四小時以上的話，必須立即送醫急救。

　　一般正常狀況下，這挺立的小兵，是情侶之間唯一的第三者，任何的凝視或觸摸都讓它難以抗拒——不論性交與否，它需要的就是被悉心照料。勃起，難道不是上天給的一個小奇蹟嗎？

勃起障礙 Performance

　　我們必須釐清，男性老是幻想可以隨時隨地提槍上陣，這是完全不切實際的。只有那種了無情趣的人，才是全天候的種馬性愛機器，更何況，種馬也會有休息的時候。如果突然發生勃起障礙現象，別慌，先緩一緩睡個覺，睡醒後可能就「性致」勃勃了。如果沒有的話，第一要務可能是多一點刺激，比如採取能夠深深插入的體位，如婚姻式、後入式，不然女方也可以口手並用，支援一下。

　　如果勃起障礙的問題時常發生，或久未改善，原因有70%可能是身體的毛病——高血壓、糖尿病、抽菸、酗酒、肥胖。除非生病，否則年齡跟性能力完全無關，倒是跟精蟲數量有關（參見「年齡」）。

如果你一輩子都沒碰過這個問題，卻突然發生了，這時需要的是就醫，而非逃避。只要找出原因，在現代醫學技術下，治癒率通常是很樂觀的。「藍色小藥丸」和其他同類藥品已經革新了治療的方式；如果還是沒有效，就試試傳統的真空吸引、藥丸、注射、植入和荷爾蒙療法吧。

千萬別忽視就醫的重要性，發生性功能障礙，常常是重大疾病的前兆。（因此，不要沒有醫師處方，就亂買成藥吃。）

如果他必須靠手淫才能勃起，或是醫院也檢查不出原因，問題就不是出在器官的功能上，而是心理障礙。最可能的因素就是他太在意臨場表現不佳，這種狀況一開始會因為酒精、焦慮、期望過高或自信低落而產生，慢慢演變成慣性的神經反應。

其次，就是他想要在抗拒特定生活壓力的情況下做愛，像是加班、鬱悶，或者想抗拒某些「掃性」的因素，例如氣氛不佳或感覺不對。我們給女人的建議是：別認為是自己缺乏魅力或他對妳不忠，不然，可能會因為妳的情緒化，把問題弄得更嚴重。

如果這類心理問題持續存在，甚至導致你們關係緊張，則可以透過專業協助來改善（參見「參考資料」）。但是在早期階段，許多人採用簡單、家庭式的做法，給予男方殷切的關懷，消除他的內外在壓力；請別太急著立即見效，或突然耍什麼花招或搬出情趣用品來助陣，這會讓男人覺得必須有所表現，情況反而變得更糟。從另一方面來看，透過愛撫、親吻、接納、情感的建立，以及雙方對於鞏固這段關係的默契，倒是會產生驚人的效果。

如果連這些也沒有用呢？或許可以訂出「停機」計畫，譬如為期三十天，藉此確保所有的壓力都除去，也讓他有時間重拾自信。在這段期間，先避開性交，而是把重點轉移到性愛的情趣上，例如玩遊戲、按摩、愛撫、自慰、口交，讓他取悅自己，或是扮演起女方的指揮官。當他感到一絲緊張情緒竄入心頭，或覺得快軟掉了，就先暫停一會兒。當他的堅挺度比較好的時候，別急著馬上抽插，緩一緩，先愛撫個幾回，等他覺得踏實了，再多撫弄個幾下，直到他硬挺得像石頭一般，即可長驅直入。

總之，絕大多數的勃起障礙問題，都能藉由這種愛的體諒，並且跟對方說「我們來玩就好」來化解。

插入 Penetration

感受愛意、親密連結、專心投入、臣服於他、將她擁入懷中，插入那一刻的反應，是你個人和雙方關係的縮影。就因為這樣，插入是最充滿能量、讓雙方最合而為一的性愛動作。

要進行插入，雙方都必須有互相尊重的態度，並只有在女方情慾完全被挑起後才進行。有禮貌的男性會在插入前稍停一下，藉此表示對雙方交合的敬意；女方可稍微將身子往下挪，迎接他的進入。

第一次的插入，男方要緩慢而溫柔，以便測試她能承受的深度和強度，不過這得視女方的心情而定，也常常與口交花的時間有關係。然後，輕輕地抽出，再進入得更深一些，節奏記得要放慢，好讓交合過程更加平順。

當然，也會遇到時間緊迫或女方想要奔放一點的情況，這時，男方就不必小心翼了，而是又快又猛地進入她；在女方的樂意允許之下，也可以這麼做，男方會有更多的感覺，而且對女方來說，在還不太濕潤的情況下被插入會有獨特的快感。

疼痛是另一個問題。性交時如果感覺到不適，有可能是陰部受到感染或你們的尺寸不合。對她來說，可能是骨盆發炎、賀爾蒙失調或子宮內膜異位。如果以前從沒遇過疼痛的問題，事前也有充分的前戲跟潤滑，那就要

插入
充滿性愛能量，讓雙方合而
為一。

趕緊去看醫生了。不過，這並不能跟下列情況相提並論，譬如經過馬拉松式的長時間性交，或者禁慾很久之後才做，這可能只是單純的磨破皮或太過急躁所造成，所以身體在提醒你該放慢一點了。

另一個層面的問題是陰道痙攣，係指女方到了幾乎完全閉鎖、無法插入的地步。這種情況很不尋常，千萬不能掉以輕心，一些數據顯示，有20％的女性受此問題所苦。男方別以為只要靠說服或誘惑，或者要求女人「咬緊牙關」就沒事了；這需要醫生的協助，找出身體和情緒上的問題，癥結有可能發生在眼前，也常常能追溯至過往。（參見「參考資料」）

在成功插入第一次之後的每次抽送（不管是變換姿勢，或者只是兩次高潮間的緩慢抽送，都會產生稍微不同的快感層次，這會因女方的潤滑程度和男方的硬度而有些微差距。古阿拉伯人的性愛指南《波斯愛經：芬芳花園》就曾歸納出六種各具特色的插入方式，而關係穩定的性伴侶之間，也可能發展出更豐富多樣的花招呢。

戲碼 Choreography

不管是使用何種姿勢開場，都得好好安排接下來的插入深度、速度和動作。雖然看起來是由在上位的人主導，但其實，這些步驟程序要靠雙方巧妙的溝通協調，以滿足彼此的需求。拉近、推開、轉身、猶豫、急促，這些反應都會經由撫摸或低語，被有意識地決定，或經由呼吸及心跳的頻率，被無意識地安排。

如何決定適合的做法與時機呢？人們一直有個迷思，以為深度插入才能帶來最強烈的快感；事實上，那只是選項之一。

表淺的插入可以拉長性交時間，而且在性愛剛開場時，都應該以淺插來溫柔對待還沒完全熱身的女性陰部。至於速度，快動作也許意味著好戲很快就會落幕，而慢動作卻可以讓兩人演出好幾個小時瀕臨高潮的好戲。

不同的抽送模式能帶來不同的快感，古老的中國人把深淺交替運用，創造不同的刺激，而且通常以神奇的數字來表示，例如「八淺五深」等等。男方可以用慢速做兩遍某個基本模式，然後以中速進行兩遍，再快速做兩遍，再進行一次慢的。邊做邊在心裡默數，有助於控制高潮，雖然這種不連貫的戲碼可能會打斷女方的快感，然而，如果女方偏好突如其來的刺激，這種方式就很適用。男方還能利用間歇的停頓，讓女方維持興味盎然呢。（參見「間歇式」）

高潮點 Trigger Points

對於達到高潮的關鍵在哪，到底是G點、A點還是U點，眾說紛紜。最近的研究報告指出，不見得每一個女人都有高潮點。

其實，大家只要多多探索就對了；就算女伴沒有高潮點，那也沒關係，太在意或是對此遺憾只會徒增困擾，再說，能取悅女性的方法還有很多。以下是一些方向指引。

一般來說，G點通常位在陰道前壁內幾吋的位置。如果將手指伸入陰道，做個「過來」的勾手手勢即可觸碰到，這也是很多按摩棒都設計成弧型的原因。

性交時若要刺激G點，必須採取可以頂到陰道前壁的體位，如果是從後面進入，要讓女方拱起背，並張開雙腳；如果從前面進入，要讓女方將雙腳放在男方的胸口上，並抬高臀部。男方則緩慢地在陰道裡繞圈，一開始女方會覺得有尿意，此時需要靠放鬆來度過這個感覺。有些女性到最後還會噴出一種液體，那不是尿，而是女性射精（即潮吹）。

A點位在陰道更深處，可以手指與按摩棒用上述的方式進入，但要推得更深。若採取後入式，要讓女方坐或蹲在上方；如果從前面進入，可以讓女方坐在床沿，雙腳環住男方的腰部。

U點的位置則在「外面」，介於陰蒂與陰道口之間。有節奏的緩慢按壓是最好的刺激方式；女方也可以反守為攻，握住男方的陰莖來幫助進行。或者跪坐在男人身上（參見「占上風式」），用自己的手指或按摩棒刺激局部。

傳教士姿勢 Missionary Position

這個名詞最早是玻里尼西亞人對歐洲人的戲稱，他們性交時喜歡用蹲坐姿（參見「坐姿」），更勝過歐洲傳入的那種正面相對的婚姻式，才會故意幫婚姻式取個渾名。於是，這個報酬性最高的性交姿勢，一世英名就這麼毀了。

婚姻式
能夠很粗猛，也能很溫柔；能連綿
持續，也能匆匆了事；能深到盡
頭，也能點到為止。

婚姻式 Matrimonial

每一種文化都有其偏好的姿勢，也都經過試驗。如果我們回到亞當與夏娃那種優良、老式的傳教士姿勢——男人在上位，以跨騎或夾在女人雙腿中間，而她則是仰躺著——我們還真是重溫了那個舊年代呢！這姿勢之所以具有獨特的滿足感，主要是因為它適合各種做愛情緒，能夠很粗猛，也能很溫柔；能連綿持續，也能匆匆了事；能深到盡頭，也能點到為止。

只不過，這體位有種「男方操控一切」的問題，在下位的女方簡直完全抗議不了，也無法愛怎麼樣就怎麼樣，眼看著他就壓在上面，女方可能會感覺屈居下風而性趣全失。如果有這種不好的感覺，兩個人就該討論是否變換一下姿勢。不管怎樣，唯一不變的是男女在性愛裡也要平權。

婚姻式，幾乎是所有性姿勢的起手式，也是最能讓雙方高潮的結尾式，僅次於它的，應該是側躺式。如果你是從此一姿勢開始，隨後可以抬高她的腿，增加插入深度。移動一條腿，夾在她的雙腿之間，可以增加對她陰蒂的摩擦，稍微滾動一下或是來個大翻身，讓她在上位結束。她這時先以跪膝，往後一躺，再將腿伸直，彼此上半身都落在對方的雙腿之間，排成一個「X」字母（參見「X形交叉式」）。從這裡，還能演進到從後進入、側交，或站立性交等各種姿勢，最後以婚姻式總結。

這也是結合其他深交體位（如她的雙腿環繞你的腰，或者放在你肩膀上），進入快速高潮的理想姿勢。對男人來說，後入式是唯一可以匹敵的，假如她那兒夠緊的話。女人最理想的姿勢是跨騎在上位。實際上，其他幾百種性交法，只是在延遲男人的射精，以配合女人那連綿不斷的高潮。親自試試看，才能找出最適宜的性愛。

即便排除了那種舉高腿部的變異型，這個姿勢仍然通行全世界，贏得一致讚賞。不過，並沒有所謂「萬無一失」的姿勢適合每一個人。婚姻式對某些男性來說，可能太快達到高潮，或者他必須主導全局而顧慮太多；有些女人就是無法從這個姿勢中達到高潮，特別是因為男方體重過重時，這些問題實在沒什麼大不了，換個姿勢不就得了。

婚姻式和深插式，或任何需要承受體重的姿勢，都對孕婦不利，而有些沒有懷孕、不夠敏感的人，試著在臀部下墊一、兩個硬枕頭，便可以使性生活改觀。對那些無法採行婚姻式的女人，可以進行面對面的坐姿，或從後插入，用手指撫觸陰蒂，或由她跨騎。假如男方需要讓女方躺下來，才能進入射精的收尾階段，那就先順著她喜愛的方式讓她高潮，再把她放

平。所謂紳士，就是男人把自身重量放在自己身上。若能在彼此的臂彎裡放鬆，作為性愛的結束，可說好處良多。

周邊配合也很重要，你需要硬度適中的床。如果她體重輕，就用一些枕頭，因為女性的臀部夾在床墊與男性身體的中間，可能會承受過大壓力。

當你們的手法或粗暴或溫柔、你頂撞的幅度大小、採取釘牢（將她的手臂輕柔地往後交叉，用你的手掌握住她的兩根大拇指頭）或不釘牢、跨騎在她的腿（以你的腳抵住她的腳背，將其雙腿撐開）或你置身在她兩腿間，或用你的腿撐開她的腿。以上這些變化，都會使結果出現些許差異。

如果你的恥骨不是很耐撞，而她需要較多的陰蒂刺激，不妨試試雙腿互相交叉的姿勢，或加入手指助陣。她呢，也可以抓住你的包皮或陰莖上的皮膚，使點兒力往後拉，促進快感。（參見「包皮」）

多樣化 Variety

為你的性愛菜單多花點心思，沒有人喜歡菜色一成不變。人生的性愛起碼有75%的時間模式都很固定，不是發生在每天早晨，就是夜晚。

若想來個長時間性愛，就挑選週末假期，或興致來臨的時機。假如你想嘗試在不同的時間、地點享受性愛，就一起擬定計畫吧。也可以參考本書取材，但不必強求樣樣都符合事先的規劃。只要掌握住大原則，不至於漏掉什麼就行了。

通常，男女雙方所需要的暖身時間都不一樣，女性往往需要較久的熱身才有辦法放開。所以，男方一開始不妨先用手或口為她服務，接著開始陰道性交，再借重萬能的雙手跟嘴巴，製造進一步的亢奮，也許互相自慰，再以高潮結束。如果你們想要來一場性愛馬拉松，想像力與實驗精神很重要，尤其剛起床神清氣爽時，可以做些需要堅挺陽具的姿勢。

女人跟男人不同，只要不太累，都可以在任何方式下達到多次高潮（但務必讓她的第一次高潮輕鬆地發生），除非她追求的是那種驚天動地的高潮，否則盡量延長她的高潮時間（參見「再現高潮式」）。

改變做愛的時間，絕對有好處，問題在於你如何運用，以及你安排獨處或沉澱身心需要多長的時間。不過，當雙方都有「那種」感覺時，千萬不要隨便取消，除非你們是有意「儲備他用」。

計畫與期待性愛，都是愛的一部分。就像完事後，雙方躺在一起全然地放鬆，也是一種幸福滿足。

占上風式 Upper Hands

如果「婚姻型」是性姿勢之王，那女人在上位的姿勢就是皇后。從傳統的印度情色藝術可以看出，他們是古代唯一沒有愚蠢父權思想的民族，在性交時不一定要女人在下位，更樂於讓女人盡情發揮。一個善於控制陰道肌肉的女人，對男人來說是最美妙的。這樣的女人是獨特的，必須給她充分的主導權去掌控動作、深度，甚至包括男人。

她能俯向前去，給他送上一個胸部之吻，或是嘴對嘴親吻。她也能往後仰，將自己展現給他看，並且一邊動作，一邊撫觸自己的陰蒂。假如她喜歡，還可以採取拖延戰術。她可以面向他，或背對著他跨騎，也能兩種交叉使用，一次或多次旋轉變換姿勢皆可。

跨騎的姿勢，必須讓陽具保持直挺（不然女方可能會因為動作太急，造成陽具彎折疼痛）。事實上，這個姿勢是少數會因為操作不當而受傷的姿勢之一（參見「X形交叉式」），所以務必採取漸進方式，一步一步來。首先，女方得用膝蓋支撐自己的重量，將陰道對準他的陽具，慢慢下探。一旦插入後，女方可以坐在他身上，或朝正面，或後轉，或蹲跪，或端坐，或盤腿。也可以側坐，或轉了又轉，以三度空間轉動，並以臀部轉圈。

她還可以躺在他身上（婚姻式的反方向），兩腿跨騎，或是把腿放在他的腿中間。當她高潮來臨時，他可以將她轉過來，或她自己跨騎著，頭朝他腳的方向低俯，兩人交合的部位則始終沒分開。再不然，以X形交叉式，或是婚姻式，將他帶往高潮。

這些動作都需要堅挺的陽具，而且有些女人偏愛從側身、下位的前戲開始玩起，所以這個姿勢很適合作為第二回合的重頭戲。如果她想利用這一招數，讓男方達到高潮，最好是選在早晨他剛醒來精力充沛，而且下體堅挺時進行。

這種由女子的臀部轉來轉去、有如在磨煤渣的動作，法國人稱之為「里昂郵車」。假如這對你的味，只要勤於練習，就一點也不難了。

占上風式
女方可以自由掌控節奏與伴侶。

正面式 Frontal

所有面對面，而且其中一方的雙腿夾在對方兩腿間的姿勢，都算是這一類——他則跨騎在她的兩腿上，或是夾在她的腿中間。

包括了「婚姻式」裡採行的各種姿勢，以及一種較複雜的「面對面深入性交」姿勢，雖然能產生更深的深度，但對陰蒂的擠撞不如「側向」姿勢那麼強。

為了解開那些複雜體位被如何分類的謎團，請先將你的伴侶轉動身子，假如他們能變成跟你面對面，如同婚姻式，但腿互不相夾跨，便屬「正面」姿勢。如果他們跟你雖然是面對面，但跨騎在一條腿上，便屬「側

正面式
面對面的深入衝刺。

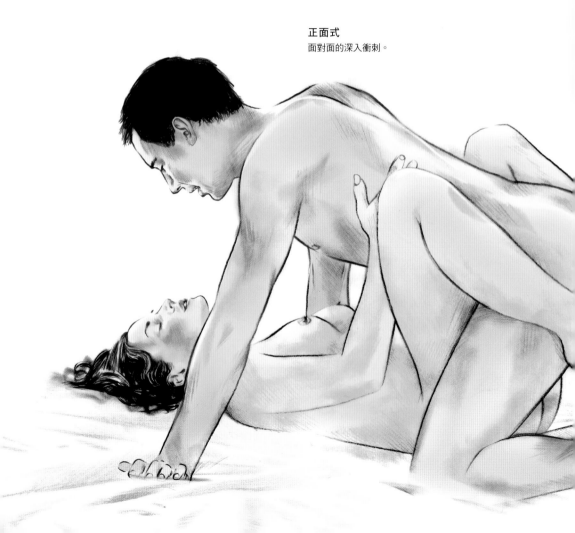

向」姿勢。要是變為跟你呈直角，而由後方插入，便屬「垂直式」姿勢。或是從後方插入，不過跨騎在一條腿上，便屬「半後入式」姿勢，就是這麼簡單。

這不是在做智商的分類練習，姿勢終究是設計來用的，盡可能少做一些急進的變換動作，譬如在腿上攀爬，或把伴侶旋來轉去。就好像當你跳舞時，自然而然地轉圈子跟使勁亂轉，是兩碼子事。儘管你們已經習慣在一場性愛中，用上五種、十種或二十種姿勢，許多動作也都變得很流暢了，但考慮後果仍然很重要。首先，不論是由哪一方主導，都必須設想到接下來可能發生的所有狀況，除非想要有特殊效果，不然別手忙腳亂，或造成任何傷害。

倒轉式 Inversion

倒轉式是指讓男方或女方的頭朝下。男人可以坐在椅子或凳子上，而女人則面對他採坐姿，然後她往後靠，直到頭部靠上了墊子或地板。另一種方式，她可以躺下，臀部提高，身體傾斜，他則站在她的兩腿間，當她以手肘支撐或抓住男方的手（宛如手推車）時，他從前方或從後方插入皆可。但如果她背痛，就跳過這個姿勢吧。

你們其中一個也可以躺在床的邊緣，另一個人則或坐或站地跨騎。隨著高潮來臨，臉部與脖子的血壓上升，臉色脹紅，會有令人驚駭的感官刺激。除非你真的很想要抱著身體的感覺，不然最好不要試這個姿勢；但如果你的身體狀況不錯，應該還滿安全的。

這姿勢能用來應付愚傻得想說服伴侶嘗試窒息式高潮的人。假如你遇上這類人，絕對不要答應窒息式高潮，用這招來替代，也能達到類似結果。或許你會因此拯救了兩條人命，一條是對方的，另一條是對方的下一名伴侶的。大部分的人在高潮時，手勁都會不覺地變大，很有可能因為勒得過緊，失手鬧出人命。

這個體位是進入倒轉69式前的牛刀小試，特別適合臂力強勁的男性。

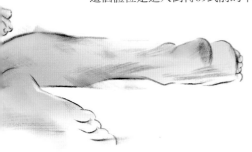

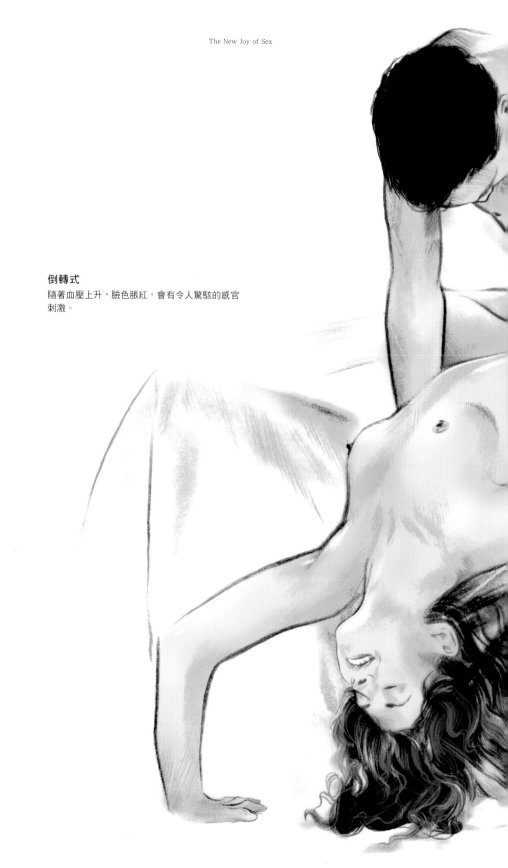

倒轉式

隨著血壓上升，臉色脹紅，會有令人驚駭的感官
刺激。

側向式
半側面的姿勢，可以為陰蒂帶來額外的刺激。

X形交叉式 X Position

　　這是延長緩慢性交的絕佳姿勢。一開始,她採取面向他的坐姿,一隻腳或雙腳跨放在他身上,讓陽具充分地插入,然後她慢慢往後躺,直到兩人的頭與身體都夾在彼此張開的雙腿間,並且彼此十指交扣。接著雙方緩慢地,以相同的旋轉方式蠕動,這能讓陽具保持堅挺,也能使女人的高潮延長。即便是要轉換成其他姿勢,兩人都能輕易坐起,而不必「分開」。

　　這是最適合其中一方因為勞累、生病、殘障而無法支撐重量的性愛體位。值得一提的是,如果妳在做愛時羞於被男伴看見自己自慰,也可以利用X形交叉式當作入門練習呢。

X形交叉式
如果想拉長性交時間,這個姿勢絕對是首選。

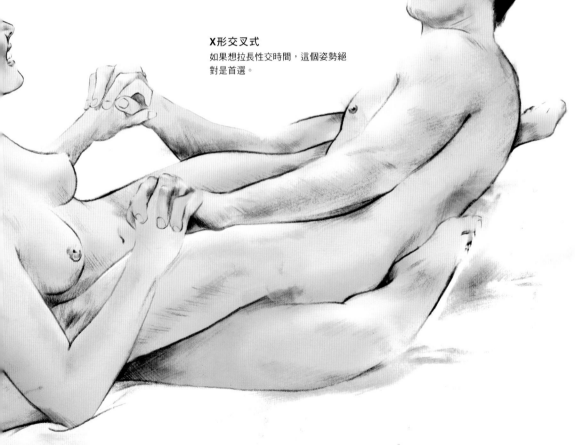

側向式 Flanquette

這是屬於「半面對面」組合中的性交姿勢——她面向他躺下，一隻腿夾在他的兩腿之間，而他也是一條腿放在她的兩腿間。正前方的狀態跟「半後入式」時一樣。透過這個姿勢，男人的大腿如果用力頂，能為陰蒂帶來額外的壓力，讓女人更舒爽。

它特別適合給無法承受重量的懷孕女性，或者你們兩個都累了。但這個體位無法享受深入抽插的快感。

直立式 Standing Positions

這種傳統的直立姿勢，很適合打快炮，而且能讓男性的肌肉繃緊。許多女人都需要站在兩本厚厚的電話簿，或是類似厚度的東西上，除非她長得很高。

進行這個姿勢時，最好是背後有東西可以靠，找個堅硬物，如一面牆壁或樹幹抵住（不要找門，不管是從哪一頭開的門）。不然，你們也可以只是站著，以腳撐開穩住，並用手臂抱牢彼此的臀部。當你們抽送時，眼睛不妨往下看看重點部位，那可是十分性感呢。

直立姿勢有兩種：

第一種，適合身高差不多的伴侶，以印度通行的版本是他將她舉起，如果她的體重不夠輕盈，就得借重水的浮力（參見「共浴」）。如果是一位過高的女性，試著先用她的手臂環繞你的脖子，一隻腳著地，另一隻腳勾在你的手肘處。然後，她再把雙腳都繞住你的腰，或你的手臂，甚至是你的脖子，完成了之後，她的身子便往後躺。假如你夠強壯，還能把女方轉成頭下腳上，低頭「嘗鮮」。但為避免她摔下來，可以改將她放在床上，不過你要踩在穩固的地板上，而不是墊子上。

如果你背靠牆壁，那麼她便可以用一隻腳支撐，大力扭動胯下迎合。然而，這姿勢並不怎麼有利於高潮，它只是設計來讓性交時有晃動、旋轉的機會，嘗試一下不同的滋味。站立且從後方插入的姿勢，沒有特殊的建議，她只要有穩固的東西依靠或抓牢就好。

第二種，如果你們雙方的身高實在不能配合，不妨搭配工作梯，要注意安全就是了。假如你有足夠的力氣，可以將她舉高一些，而她的腳也能勾穩，那你的頭就能低湊下去，來個私處之吻，絕對是個大獎勵。（參見「為她口交」）

直立式
讓性交時得以晃動、旋轉，
嘗嘗不同的滋味。

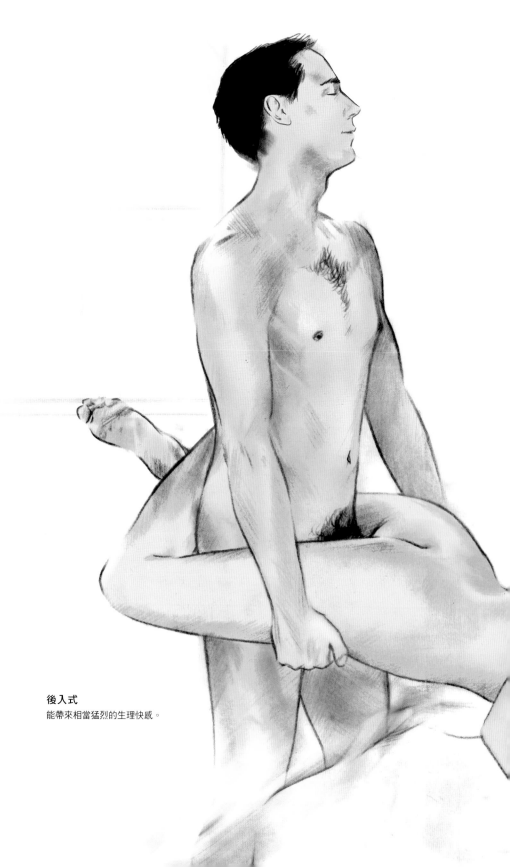

後入式
能帶來相當猛烈的生理快感。

後入式 Rear Entry

這是人類的另一項選擇，卻是大多數哺乳類動物唯一的性交選項。這姿勢大部分採取站立、躺臥、蹲跪、坐定，或是由女性跨坐。這種方式雖缺乏面對面的親密性，但也有若干補償，那便是可以增進對臀部的刺激，加深戳入的角度，以及方便男性用手去愛撫對方的胸部和陰蒂，還能夠欣賞背部的美麗春光。

如果是採取站姿，那麼她需要某些適當高度的東西支撐，還有，當她的頭部往下垂、腿部打彎、臀部翹起時，你必須格外小心，不要把她的臉壓向床墊；而在抽送時，也要注意別因此插得太深或過猛，否則你有可能會撞到她的卵巢，那滋味跟男人的睪丸挨了撞一樣痛。

有些女人對這種姿勢的象徵，覺得挺不舒服：「簡直像動物在搞嘛！」、「如果我們不能面對面親熱，那有什麼意思？」

然而，如果她有這層顧慮，就避免吧；但如果這種姿勢帶來的生理快感

後入式
滿足進入的深度與刺激，男方還
能伸手愛撫她的乳房跟陰蒂。

實在太划算了，還是頗值得一試。她應該先試試讓男方仰躺著，自己再躺在男方身上；或是她背對男方，跨坐在男方身上，不過這麼一來，無法像屈膝由後插入那般，能提供獨特的深度，對陽具的刺激也沒那麼完全。

傳統的後入式，是女方採取跪俯的姿勢，雙手環扣在自己的頸後，胸部與頭面向床；男方蹲跪在她的後方，她再將兩腿往後勾住男方的臀部，將他往自己這方拉近，他則將手放在她的肩胛骨上，略用點力往下壓。這姿勢可以創造出很深的凹口，但很容易就在抽送之際，把大量空氣也一併灌進女方的陰道內，沒多久就會以擾人的方式排出。除此之外，這姿勢還滿受用的。

男人也可以握住她的乳房或恥骨，假如她喜歡被控制的感覺，還可以抓牢她的手腕，扳到背後來。

要是她不熱中受迫，為防止姿勢塌了，不妨用一個硬枕頭墊在她的肚子上。她也可以在地板上採取跪姿，把胸部擱在床面或椅子上，作為支撐。

頭部朝下的姿勢，對於深度與刺激是最完整的，但如果會對她造成傷害，或她的背不好，或是懷孕，一定要避免。很多女人喜歡在性交時，以自己或愛人的手指撫弄陰蒂作樂，而後入式，就是最容易「助一指之力」的姿勢。

跪姿後入式是最激烈的體位，側身後入式則是最溫柔的（也被稱為懶人體位）。甚至在睡覺時，側躺的女方只要蜷起雙腿，把屁股頂向男方，就可以雲雨一番，即便他的小弟弟不甚堅挺或尚未甦醒。這個體位也可解救有勃起障礙或緊張的男伴，讓他再顯雄風。如果妳懷孕了，生病了，或有肢障的狀況，這也是享受性愛的好方法。

我們建議多嘗試各種後入式，就像大家經常使用面對面系列體位一樣，一定能發現最適合你的後入式，還能搭配婚姻式（以及它的變化型）和女方跨坐式交替使用。

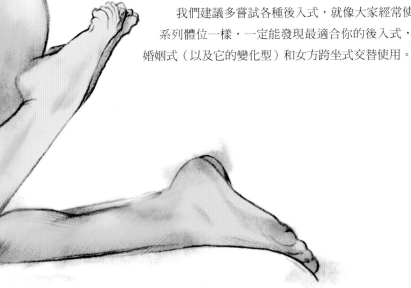

後庭一陽指式 Postillionage

這個名詞是指後庭的玩樂，像是用手指、舌頭或情趣玩具挑逗或放入伴侶的肛門中。心理上，這種玩法象徵著雙方的親密感，無論是插入或是被插入的一方，都需要彼此信任。生理上，數以千計的神經末梢能帶來強烈的感覺，而且，對男性而言，前列腺就像是他的G點，多少能保證帶來高潮；對女性來說，至少是除了陰道高潮的另外一種玩法。

至於安全性，愛滋病與肝炎最為人所知，但是並非唯二的潛在問題。肛門很容易出血，而且容易被排泄物感染，不僅麻煩，女方也得冒著相當的風險。如果和伴侶都已先做過性病檢測，這倒不是什麼生死交關的問題。只要記得事前事後用肥皂洗手，使用堅固的保險套（套住性器官或情趣玩具）。如果是愛撫肛門，可以戴上手套；若是改用舌頭舐，最好使用口交護膜。千萬不要把從「那裡」拿出來的東西，再放進嘴裡或陰道裡。（參見「安全性行為」）

開始的時候，讓被進入者仰躺，或雙腿張開坐著。然後潤滑、潤滑、再潤滑，因為肛門並不會自行分泌潤滑液（參見「潤滑」）。先用一根或兩根手指指尖抵住入口，讓被進入的一方自己往前推擠，而不是用手指主動插入，一旦進去後，不要馬上戳刺起來，必須等括約肌放鬆，才溫柔地繞圓抽送。如果被進入者是男方，那麼在進去五公分處有一凹陷處，即是他的前列腺，可以輕撫或按壓那裡，另一手握住陰莖並往胃部推頂，可以增加刺激。

過程中，雙方可以在陰莖、陰蒂與陰道加點適當的手指與舌頭運動。只要雙方都了解現在在幹嘛，並且能夠觸及到正確的點，先用一般方式讓對方瀕臨高潮，然後在最後一刻滑入手指，衝上雲霄。要抽出時，必須溫柔的出來或讓對方自行拉開，否則很容易引起痛楚或撕裂傷。

以上都可以用肛門栓與假陽具（套上保險套）來完成，最好使用有底座的情趣用品，如果東西拿不出來，要送醫急救的話，可就糗大了。另一個選擇是肛門珠鍊，用來塞入肛門，在高潮時拉出來，以前有些女人會用珍珠項鍊代替，而現在去情趣商店買條專用的會比較安全。

在所有的性玩法中，這個與肛交大概是最需要情緒上支持的。放慢動作，鼓勵，愛撫，告訴她（或他）一切都在掌控中。一旦痛楚產生，便立即停止——不喜歡的話，還是有很多其他遊戲好玩的。

肛交 Anal Intercourse

　　肛交是當今最後的禁忌之一，但並非長期一直如此，比如在可靠的避孕法出現以前，它是被用來保護貞操的技巧，在本書原來的版本中是這樣介紹它的：「幾乎每對伴侶都試過一次。」現在看來不是那麼正確：很多人都對此存有偏見，而且許多文化還立法禁止，對同性戀的接受有助於讓肛交這檔事不再那麼禁忌；然而愛滋病的盛行又讓它蒙上陰影。即使如此，有些調查指出，一半以上的伴侶都嘗試過肛交。

　　傳統來說都是男方插入女方。有些女人喜歡，有些覺得那會很痛所以不想，就算男方再三請求也不肯放行，儘管有高超的手技也一樣。女人會說：「請不要自己就從後面上了。當我們不想要時，你還假裝是不小心插錯洞？誠實一點，這事可以先商量嘛。」（男人也會講相同的話，如果是女人想要對男人肛交時）。兩方都起碼應該試一次被進入，體驗一下是什麼感受，以及要多小心。儘管男性都害怕被肛交，如果妳的他還蠻喜歡的，並不代表他就是男同志。

　　對雙方來說，肛交的開場跟後庭一陽指式一樣，要先有很多的潤滑，然後最好先用標準式來個高潮，好舒緩緊張與放鬆肌肉。別忘了，要使用保險套。有種保險套是肛交專用的，質料較厚所以更安全。

　　肛交的傳統姿勢，通常是被插入者跪著，臀部抬起且雙股分開。但對女方來說，這就像在猴子籠裡做出滑稽的動作一樣。我們建議可以讓她往後躺，雙膝抬起抵住胸部或是蹲坐在男性上方。

　　因為肛門有弧度，進行時男方不可直挺挺地插入，這樣可能會撞到女方的直腸壁。他應該稍微調整進入的角度，瞄準腹部下方，有助於她承接力道、深呼吸與放鬆。通常一開始會比較痛，但如果有任何突然的劇痛或持續的不舒服感，就立即喊停。讓女方覺得舒服而非疼痛的關鍵在於，別讓她覺得場面失控，這時不妨給她一些安心撫慰的話語。（參見「風險」）

　　有三件事可以預期：第一，完全的進入需要分成好幾個階段，因為被進入者在心理或生理上都得要準備好。第二，如果男方是插入的那一方，又急著要快速達到高潮，必須要知道肛門不像陰道，就算被進入時還是很緊繃的。第三，被進入者的歡愉並不像進入者那麼多，有時根本沒感覺，好吧，也許有一點充滿感。要能享受肛交樂趣的關鍵在於，能對另一半完全放開。

垂直式
由後方進入，兩人身體成直角。

垂直式 Croupade

只要是男性從後方進入女方，而且兩人身體成直角的姿勢都算這一種。
亦即除了她的一條腿夾在他的兩腿間，或她的身體往側面轉一半的姿勢
外，其餘由後插入的都算是垂直式。（參見「半後入式」）

半後入式 Cuissade

這是「半後插入」姿勢,她把半邊的身子轉向他,一隻腿置於他的兩腿中間,另一隻腿可以彎曲或伸直。

男方從後進入,她看似把半邊臉轉向他,但頭部仍是側著的。

半後入式
女方半側著身體,讓男方進入。

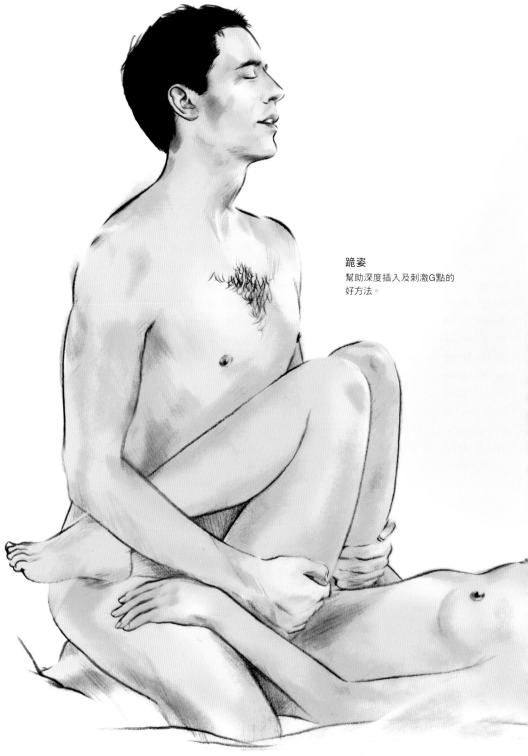

跪姿
幫助深度插入及刺激G點的
好方法。

跪姿 Kneeling Positions

只要是一方跪著，另一方躺著，都可稱為跪姿體位。如果是女性跪著，選擇只有一種：跨坐在男方身上，臉面對他，或背向他。如果是男方跪著，花樣就多了：女方上半身躺在床上，雙腳踩地；女方躺在地上，雙腳放在男方大腿邊、或腳掌依放在他胸口、或雙腿圈住他的腰、或腳高舉在他肩上，或雙腿交疊以緊縮陰道。

男方可選擇往前傾或往後仰的跪法，後者會比較容易抽筋，在膝蓋墊個東西會比較舒服，即便有枕頭相助，也不要撐超過五分鐘。當她雙腳移動時，你就順勢調整姿勢。這是有助於深度插入及刺激G點的好方法，熱中此道的人非常推薦。（參見「高潮點」）

坐姿 Seated Positions

坐姿是傳教士姿勢的前身，在被外族入侵並被迫改為男上女下姿勢之前，不少民族都喜歡這種姿勢。女方伸開雙腿坐在地上，男方則蹲或跪坐在她的兩腿間插入，並將女方拉向自己。

還有這些變化：女方向後躺，雙腿跨坐在他的大腿上，或者，拉著彼此的雙手作為支撐，讓身體往反方向傾斜。若其中一位伴侶不方便俯臥或無法承受太大的重量，這個姿勢就特別適合。玻里尼西亞人偏愛這個姿勢，因為雙方的手都可以任意運用，較容易讓女方達到高潮。非洲迦納的塔倫西人（Tallensi）喜愛這姿勢是因為，如果女人想要休兵，可以一腳把男人踢開──不可否認，這可真有吸引力。

若是要在椅子、桌子、引擎蓋上採取這個姿勢，要先確定當女方把雙腿環住男方時，她的背後有東西可以靠。反之亦然，可以是男方坐在椅子上，女方跨坐其上。一些性愛指南還建議，女方這時可以把腳踝放在男方的肩膀上，但做這個動作之前，可能需要練一點特技。

翻轉式 Turning Positions

任何在性愛過程中轉換視角，或交換上下位置的方式，都稱為翻轉式；《印度愛經》上說，這些姿勢需要練習才能精通。

典型的翻轉式，為婚姻式中男方轉向面對女方的雙腳；或女性採用占上風式時，也轉向使臀部對著男方。保持雙方性器官的接觸，是這種姿勢最困難的地方。

如果只是簡單的顛倒上下位置，她可以把雙腳放在他的腰旁，或使兩人的雙腿交纏，如果某一方已轉頭面向另一方向，等雙方小心地同步調整姿勢後，可以嘗試深層的插入。老實說，先抽出，調整完姿勢再插入會比較簡單。

翻轉式
保持性器官的接觸，是這招最難的地方。

維也納牡蠣式 Viennese Oyster

　　這個姿勢屬於高難度，並非人人適用。女性仰躺，雙腳交錯，高舉橫過頭部。男方則緊緊抓住她的兩隻腳背，並用力擠捏，然後壓躺在她上面。這招不適合身子不夠柔軟，無法任意彎曲的女伴，可別為了一個姿勢搞到滿身瘀傷。

　　你們也能以類似的姿勢，取代這種用骨盆互相摩擦的獨特動作：她只要把兩隻腳踝交叉，膝蓋抬起，往後頂到肩膀；而你將全部體重落在她腳踝的交叉點上，如此你們兩人的下體就可以完全接觸與摩擦。

　　為什麼叫做「維也納」？我們不得而知。這個姿勢無法維持太久，也只能淺插。即便如此，試一下也無妨。

性與懷孕 Sex and Pregnancy

　　有經驗的人都說，為了傳宗接代而做的愛有一種很不同的感覺，因為意識到自己正在創造新生命，更能使自己專注在這件事上，並為性事增添合理性，但這並不表示熱情該被忽視。

　　想懷孕的伴侶最好不要被「如何做」給絆住，雖然有些建議聽起來頗有道理，例如，為了不背離重力，避免採取女上男下或站姿，也不做事後沖洗這種顯然很愚蠢的事。然而，目前還沒有確切的證據顯示哪一種姿勢對受孕最有幫助，而且，在「臀部下墊枕頭有助於受孕」也被證實為無稽之談。唯一確定的是，能夠深度插入的姿勢是有幫助的──至於哪種最能「直搗黃龍」，端視每對伴侶的身體配合度，找出最好的姿勢後，就看你們怎麼「實驗」了。

　　讓我們暫且拋開「技巧」這件事，兩人先去做個健康檢查，使身體保持健康，並戒掉菸酒。然後，放輕鬆。只要做到以上事項，每一百對夫妻就有九十對可以在兩年內懷孕。而且，愉悅的性愛比壓力更能使「求子期」縮短，太過關注是否成功受孕，會使男方覺得自己像精子銀行，而女方像母種馬。是要享受性愛，或只是為「做人」而做？這時可能就會引發爭議。

　　一旦懷孕，種種情況都會降低做愛的慾望，男方怕傷到她及胎兒，女方因害喜而意興闌珊，只想蜷縮起身子發牢騷。不過，害喜的不適感會自動消失，在產檢都沒問題的條件下，你們就可以放心性愛；任何形式的高潮都是好的，它會帶來充裕的血液滋養子宮及胎兒。

　　懷孕前三個月，女方也許會偏愛在上位控制深度，以避免引發胃灼熱及消化不良。第四到六個月時，仰臥的姿勢已不適用，因此應採取側姿或坐姿。在最後幾週，也許會有背痛的情形，她也許會希望用後入式或側向式進行。也可以使用情趣玩具，只要注意清潔並徵得她的同意就好──就像在使用溫柔的手、舌頭、或是陽具一樣的使用。最好先避免肛交，或比平時更小心謹慎地進行，否則可能會有撕裂傷或隨之而來的感染。

　　在即將臨盆時還提起性愛這檔事可能會讓人不以為然，但是有些助產士認為性交會促進分娩；一旦開始陣痛，準媽媽也可利用自慰來減輕疼痛。以性的愉悅展開懷孕期，並以它作結尾，真是前後呼應的美妙滋味啊。

　　在產後這段期間，性可能是最不被想起的事。疲累、產後憂鬱、賀爾蒙失調，以及對新生命的責任感，可能令女方被問起房事時，會搬出這樣的

回答：「我再也不幹這檔事了！」然而，在完整的健康檢查後，就算某一方提不起勁，做愛據說還是有很多好處，有助於輕鬆擺脫毫無性慾的狀態，或因尷尬而遲遲不做愛的習慣。反正日子還是得過，只要知道重拾歡愉是可能的就好了。千萬不要相信哺乳能避孕這種無稽之談。

必須注意的是媽媽生理和心理上的脆弱感。為了補償她，可以採取女上男下或相鄰躺下的姿勢，讓她覺得舒適，並給予大量的潤滑。當陽具滑進來時，她應該收緊臀部以作保護，男方要保持平穩，讓她調節速度，好像一切都在她的控制之中。

如果覺得疼痛，就馬上停止；不然就在可忍受的範圍內盡情嘗試，然後享受、讚美這份經驗。一旦成功的重建這個習慣，相信我，隨著時間，做愛會變得更簡單也更舒服。

高原期 Plateau Phase

如果，挑起情慾是一場從毫無性慾慢慢攀升到高潮頂點的登山活動，那麼「高原期」就是攻頂前，率先抵達的一個風景優美、視野遼闊的落腳處。

高原期一詞是由性學家馬斯特與強森提出，用來指稱性興奮的最後階段，這時高潮還未發生，但已經蓄勢待發。知道了高原期的存在，男性就能掌握衝往高潮的節奏；而女性則需要在這時停止思考這個認知，盡情享受排山倒海的快感。

想要持續並強化高原期是可能的，但並無法拉長性交時間，因為這時已經為時已晚。在高潮快要來臨之前，試著停止所有的動作，甚至暫停呼吸，將專注力全集中在快感上。

這對第一次嘗試的人來說很難，但是只要透過練習，也許是事前獨自一人練習，這個技巧絕對是可練成的。而且，一旦成功過一次，下次絕對不可能忘了該怎麼進行。

另一個做法是，為了另一半放棄你的高原期，反而將心思都放在對方身上，肩負起好情人的責任，竭盡所能地滿足對方，使其無後顧之憂地達到高潮，即使這些動作對你一點用都沒有。當周圍的一切都依你為主、只為你著想、只關心著你一個人，這感覺將令人難以忘懷，而這也是能夠在伴侶之間互相傳達、轉換的。正因如此，雙方都有權利享受這種禮遇，每隔一段時間就好好「款待」對方一次。

男性高潮 His Orgasm

男性高潮也許會令人覺得是直接且必然的，事實上，那比你想的複雜多了。跟女方一樣的是，男人也必須得到安全感；跟女方不同的是，如果他沒感覺，根本就無法勃起。性愛一旦開場，他需要的是比較具體的刺激，比如對陰莖的直接刺激，或對前列腺的間接刺激（參見「肛交」），有些男人只要專攻陰囊或乳頭就能興奮起來，但若要達到高潮，則有賴「加工」的位置。

男人對於自己的高潮都有很多年的「自學」經驗，也十分清楚「該怎麼做」，而不只是「該碰哪裡」，只要逮到機會，他就能輕鬆自如地給她「上上課」。往後唯一要面對的問題是，如果老是用他偏好的方式，很有可能你們從此就玩不出新把戲；身為一個有創意的伴侶，應該偶爾來點新鮮的，並且有技巧地帶他嘗試新玩法。

男性高潮分為兩個部分：射精前的醞釀與接續來而的射精。射精時，會先有兩、三次較強烈的收縮，然後是三或四次較微弱的收縮；有些人在事後還會感到餘波蕩漾。性交過程中，他也許會自動變換動作來配合每個階段的進行；她則可以試著根據他特別需要的部分做回應。

如果想體驗更強烈的高潮，他可以練習凱格爾運動（參見「愛肌式」），或者感覺快射精時趕緊抽出（參見「間歇式」），讓陰莖充血量更加飽滿。最好不要刻意壓抑射精（乾高潮），以免導致器官的傷害。

男人快高潮時通常有跡可尋，但有些男人會假裝高潮來避免讓對方失望；很多女人基於相同理由，也會來這招。這可不是個好主意，反而阻礙了兩人掌握對方身體喜好的機會。如果你意識到自己正在假裝，最好馬上停止；如果妳懷疑男伴正在假裝，最好換個手法，給他一點溫柔的挑戰。

關於來得太快的高潮，請見「早洩」。反之，過慢或根本沒有高潮或射精的情況比較罕見，有可能是疾病或藥物的影響（如果是近期服用的話），或是情緒障礙（如果持續了很長一段時間）。要解決前者引起的問題，可以先去醫院做檢查；若是要解決後者的問題，則要將妨礙高潮的壓力解除。如同處理女性的高潮障礙一樣，男人也需要獲得安全感及諒解，而不是期待和壓力。要是這問題遲遲無法解決，就得諮詢專業人士了。

女方有時可能會因為低估男性高潮時是多麼強烈、多麼銷魂，而覺得自己置身事外；男方在射精後，也可能自顧自地休息，忽略了女方這時候正需要的情感連結。一旦了解男性高潮其實跟吸毒一樣，作用的是腦內的同

一塊區域，也許對雙方都有幫助。對男人來說，高潮簡直是令人通體舒暢的絕妙快感。

早洩 Hair-trigger Trouble

口語上又稱作「一觸即發的煩惱」。先不管「男性平均持久度」和「女方期待的男性平均持久度」的統計數字，只要是比雙方期望的時間點還早的射精，都算早洩。

跟心儀的伴侶進行第一次性愛時，有半數的男人會發生早洩或無法勃起的問題。萬一遇上了，可別就此休兵，再試一次說不定可以「東山再起」，真的沒辦法就不要勉強。不妨先睡，說不定他會因為強烈勃起而在半夜醒來。如果是跟同一位伴侶，這個狀況仍持續發生，就該去醫院檢查了，有可能是前列線感染、血清素太低和某些藥物的影響。

目前比較常見的肇因是心理因素。當熱情過了頭，有時感覺還不錯，不過，換句話說，這也是指你缺乏實戰經驗，否則你應該早已練就出理想的床上表現了。男人可以藉著自慰來改善這種情況，以培養延緩進入高峰反應的能耐。但真要碰上與女人交鋒，特別是渴望已久的對象，一被刺激，大概那些能耐都泡湯了。一旦男方感到焦慮，情況就會變得更糟。所以是該想辦法解決它的時候了。

情趣用品店那些號稱能增強持久度的藥膏，並非解決之道，那只是麻醉劑而已，用起來不僅會讓男方沒什麼感覺，連女方都會被拖下水。

由於早洩可能是肛門肌肉緊張所引起，男方也許可以先試著放鬆。此時，他或她只要輕壓距離龜頭一至兩指以下的部位，即可稍稍緩和想射精的感覺。另外，採取並肩躺下的側姿性交，讓男方不能有太多或太深的插入，也有延緩射精的效果。

但這些都是暫時的解決辦法，長期而言，他必須重新練習身體的反應。多數的早發性高潮的癥結，是大腦對身體訊號的察覺不夠靈敏，使他沒意識到身體已經快要射精了，解決的辦法是更了解自己的身體，而不是去控制。他應該從單獨自慰開始，專注於身體的訊號，當他稍微感覺到高潮的初步徵兆時，試著暫停動作，讓勃起消退，然後從頭再來一次。多次嘗試之後，應該會更清楚竅門在哪，之後跟伴侶在一起時，遇到相似的情況就能知道該如何煞車，更重要的是，何時煞車。當彼此擁抱時，伴隨著她的愛撫及舔吮，重複以上提到的動作。當他可以保持清醒與放鬆直到勃起，

可以試著插入，讓陰莖停在她的體內，保持這個姿勢不動一段時間。這個動作的用意絕不是壓抑，而是增加他的經驗並建立自信。

　　感情因素也可能是問題的根源，如果他正在氣頭上或受到委屈，可能會不顧女方的感受，任自己到達高潮，要是如此，那什麼樣的訓練課程都不會有效果。他們需要的是好好談一談，或許尋求專業的協助。

早洩
輕壓距離龜頭一至兩指以下的部位，
可以稍稍緩和想射精的感覺。

截流式 Saxonus

　　所謂「截流式」，就是在接近陽具根部的尿道上用力壓擠，以減緩射精的感覺。可別把這招當成避孕法，因為在射精之前，精蟲早已經隨著某些體液流竄了。有些女人確實精於此道，在幫男方自慰，或是阻止、重新啟動他的射精動作，都是靠著壓迫尿道，拖延他那急急如律令的衝動。

　　最好的方式是用兩到三根手指，壓住他陽具的根部，且要使點力氣（但別把他弄瘀青了）。有些人則按壓會陰，把射精的那股勁擊碎。如果妳一把攔阻下來了，那他的精液就會往膀胱流去。沒有證據顯示這樣會對男性有害，除非妳蠻幹一場，而且一天大戰三五回合。不過，沒事還是少做。

　　讓他慢點射精，也是一種無害的方法，但難度較大，不是每個人都搞得成。一些擅長玩這套遊戲的女人曾說，男人可是很感激她這麼做呢。妳或許可以在他即將丟精之際，趕緊祭出這招拖延戰術，「半路留精」，過了幾分鐘後，再全部重玩一次。

愛肌式 Pompoir

　　在所有的性愛招式中，說到女方的性反應，以此姿勢最廣獲人心。

　　「她必須將女陰緊閉並收縮，直到像是夾住一根手指般地將男根含住。她的陰道一張一闔充滿著歡愉，最後則像是個擠牛奶的少女一般，縮擠著男人的陰莖。這要經過長時間的練習，她的丈夫會因此視她為所有女人中最珍貴的，不願意將她與任何第三世界裡最美麗的皇后交換……」以上出自理察・波頓（譯注4）之言。

　　這項絕技可夠過練習學成，傳統的南印度婦女就如此被教導呢。今日最接近愛肌式的，就屬能鍛鍊恥骨肌肉的凱格爾運動了。這套原本可防止尿失禁的收縮練習，如果熟練的話，還可以增進陰道的收縮次數，強化女方自己的高潮感受。此時，女方不僅可以主動讓陰莖更深入陰道，更上挺地觸碰到G點（參見「高潮點」），還能讓陰道活像個陰莖環，使男方在第一次高潮後才射精。就這點來說，這招頗值得修練。

　　女性在快要小便、陰道擠壓以及放鬆時，都能感覺到那兒的肌肉運作。不妨用兩根手指放在陰道，每次練習五十下，一天練兩次。也可以買仿陰莖造型的小道具來練習，如果有真實對象來操練一番，豈不更棒？男方平常也可利用控制小便流量的技巧來練習，那會像是睪丸後方有股拉力般的感覺，然後吐氣、提肛、吸氣、放鬆，反覆練習數回，一天兩次。

愛肌式

所有性愛招式中，說到女方的性
反應，以此姿勢最廣獲人心。

女性高潮 Her Orgasm

女人的高潮跟男人的可不一樣，既不是用來傳宗接代，也不是按表操課即可獲得。不過，基本表現還是一樣的：性器充血、下身舉起、收縮、呼吸急促、心跳加快、血壓上升。因此，光憑敘述，任專家也無法分辨出男性女性高潮的表現差異。

如真要說男女有別，那麼大概就是性愛的象徵性，比如對某些女性來說，信任感建立在她與對方的關係上，也就是說，她能高潮這件事所象徵的意義，不只代表她夠投入這段關係，更是因為這段關係讓她產生高潮。因此，對某些女人來說，她要是還不夠愛對方，她也到不了。

至今，大家還在爭論，到底女性高潮發生在什麼地方？是陰蒂、陰道、會陰、子宮、子宮頸還是G點？其實，高潮從哪裡並來不重要，重要的是它有來！

不過，有個迷思倒是得打破，千萬別以為讓女性高潮只有一種方法（參見「挑弄陰蒂」）。真正懂得享受性愛的男女都很清楚，高潮好比人人愛吃的菜都不同，可得見招拆招。當然，最基本的還是需要讓女方處於放鬆的狀態裡。神經學家赫特‧霍爾特吉（Gert Holstege）提出的研究顯示，女性在到達高潮時，腦中的恐懼中樞神經會停止運作，這表示如果她還是緊繃的，便無法達到高潮。這也說明了，女人在穩定的關係裡會比一夜情更容易有性高潮。比較有幫助的方法，是讓女方握有性愛的主導權，當信任感隨著時間增加時，女方可以主動提點一下男方，到底哪種技巧最容易奏效，然後慢慢轉為被動。

事實證明，對許多女人（對很多男人也是），運用舌頭跟手能更快直達高潮。看著女方用按摩棒讓自己達到第一個高潮的樣子，不僅對男方來說很撩人，也可讓女方進入身心都放鬆的狀態；接著，男方可以利用手或舌頭給她第二波高潮，最後才是插入式高潮。男人應該口手並用，讓雙方有場美妙的性愛，而不是覺得這麼做有損男性尊嚴（參見「拱橋式」）。

要達到高潮另一個要素是姿勢，對雙方來說都是，必須多方嘗試。其中的關鍵點是角度，有的女人喜歡弓著身子，把陰部向下推擠，有的喜歡側向一邊搓揉。這都沒個準，只要姿勢對了，感覺就來了。也許可以試試貓式（參見「貓式」），它結合了陰道插入跟陰蒂按壓；還能用手或按摩棒來助興，特別適合後入式或女性在上的體位。

給男人一個忠告：如果女方很自然地潮吹了，根本不必驚慌，至少不

要像某個蠢蛋一樣，以為他太太故意小便在他身上，而要訴請離婚。如果你想要另一半潮吹的話，就要溫柔且持續地刺激她的G點（參見「高潮點」）。如果沒有潮吹，並不代表女方就不享受，別卡在這點上。

也給女人一個忠告：請別假裝高潮。只有極少數的女人有假裝陰道收縮的本事，即便這麼厲害，也模擬不出因為真正高潮而出現在胸口跟脖子的緋紅，所以假高潮不但很難辦到，也是一種自我否定以及對雙方關係的欺瞞。所謂「真的假不了，假的真不了」，假裝久了，真正高潮就會像假的。在一個充滿愛的關係裡，就算偶爾才有高潮，還是不減愛意啊。

如果希望高潮的次數比偶爾再多一點，還是有解決辦法的。假設女方能靠自慰獲得高潮，而性交卻沒辦法，顯然是男方不得要領。簡單來說，男人不要自以為熟門熟路，而女人也為男伴指引方向，甚至示範給他看。

如果還是行不通，專業的醫療人員可以提供一些建議藥物讓生理反映自然產生，或者跟心理諮商師聊聊也不錯，有些女人可能經歷過令人不悅的性愛創傷，使得高潮之旅倍感困難。（參見「參考資料」）妳也不妨檢視一下與床上伴侶的關係，如果對方有令人討厭的地方，即便是突然的一個小環節，都會讓妳怎麼也不帶勁。

總之，要高潮就要先排除壓力，兩人願意嘗試新方法的範圍得要寬一點。畢竟每天狀況不同，感覺也不同，放膽去玩說不定就能找到兩人都適合的調性。

古老的阿拉伯性愛指南《波斯愛經：芬芳花園》裡就曾經建議，房事不順的夫妻要盡可能幾多玩幾招，這個忠告在五百年前有效，現在當然也行得通。

拱橋式 Bridge

卡在「無插入的高潮」與「有插入的高潮」中間的這道鴻溝，就搭座橋跨過去吧！拱橋式原本是性愛療法，但現在則普遍出現在一般男女的臥室裡。簡單來說，就是前半段由女方自慰，然後才讓男方的陽具上場，隨著男方參與的程度越來越大，愉悅感越來越強烈，這中間的界線也就逐漸模糊了。

一開始先面對面側躺或上下交疊，重點是讓她有空間可以伸手下探。當她以自己的節奏逐漸興奮時，你也別閒著，給點她喜愛的額外刺激吧。同時讓你的陽具保持挺立（你可以自己來，或讓她空出的另一隻手幫忙），

在她高潮時用你勃起的陽具摩擦她的U點，但不進入。（參見「高潮點」）
經過幾次練習，並有顯著進步後，女方可試著在到達高潮時讓陰莖插入陰
道，這時你得在不打斷她注意力的狀況下，溫柔地抽送。

拱橋式的最後階段，是練到她能被你抽動的陰莖帶領，進入性愛頂峰。
經由不斷地演練，必能產生更多的信心，讓雙方更滿足。

但別忘了，這招需要雙方付出時間與耐心，不必嚴格地按表操課，如果
進行得不大順利也別太惱怒，畢竟這就像跳雙人舞一樣，妳總不希望跟討
厭的人貼臉跳舞，還被踩到腳吧？

貓式
藉由陰莖插入，同時刺激陰蒂和龜
頭，讓雙方都達到高潮。

貓式 CAT

　　這個姿勢跟貓一點關係也沒有，實際上，這名稱是來性交體位法（Coital Alignment Technique）的頭字母縮寫。這是少數藉由陰莖插入，同時刺激到陰蒂與龜頭，讓雙方都達高潮的妙招，據說是由精神治療師艾德華・愛郤（Edward Eichel）及其團隊研發出來的，但好笑的是，當這招風靡盛行後，有家全球知名的女性雜誌跳出來宣稱這是他們的功勞。

　　首先，像婚姻式般男在上，不同的是男方要把全身重量都放在女方身上，這時女方伺機調整身體，讓男方的恥骨剛好頂住陰核，當陰莖抽送時，女方也擺動身體讓陰核上下摩擦。如果行不通，改由女方主動（參見「占上風式」），男方在下平躺，讓女方找出可以頂到陰蒂的位置，男方再開始抽送，然後就可以翻轉到男上女下的婚姻式。如果兩人側躺也管用，不過操作上真的比較難。提醒一下，溫柔規律的節奏是很加分的。

　　在貓式裡，女方得要勇於提出她想要的方式，即便那會有點打亂男方慣有的步驟。所以，這招不大適用於堅持一招到底的固執男。如果男方願意配合，這倒是一個皆大歡喜的好選擇。

愛神蝴蝶式 Venus Butterfly

能使女性持續高潮的技巧，似乎已經成為男人趨之若鶩的秘笈，到底什麼方法最有用，則是眾說紛紜。流傳最普遍的是一種技術門檻很高的「三點刺激法」：陰蒂、陰道與肛門。訣竅在於男方用大拇指觸碰陰蒂，食指、中指主攻陰道，其餘兩指則放在肛門口，然後輕柔地收張手掌，呈現一種蝴蝶振翅般的效果。

另一種則是邊舔吻陰蒂，邊用一、兩根手指點擊她的G點（參見「高潮點」），同時將其餘手指探入肛門內。許多出書暢談這種性愛姿勢的作家們都推薦這方法，但也有人說這根本辦不到。我的建議是，正式上場前不妨多點排練。

清晨鳥鳴式 Birdsong at Morning

行行好，不管妳或你的伴侶在性高潮時說過什麼話，千萬不要事後又搬出來說嘴，除非你們倆的情緒都很平和，才可以倒帶。因為高潮時，也是人們的精神最不偽裝的時刻。

不論何時何地，人們在高潮時所說的話竟有著令人驚訝的一致性，譬如日本、印度、法國和英國的男女都是嚅嚅不清，哼著快要死掉了之類的呻吟。十六世紀的法國史學家艾比・布蘭托姆（Abbé Brantôme）更說：「有些人喊道『我要死了』，但我想他們八成很享受那種死法吧！」也有的會呼喊老媽（這些人多半在關鍵時刻都會喊媽媽），當然還有些喊的跟宗教有關，甚至連無神論者都照樣喊神、叫上帝的。這些其實都很自然，性高潮，可說是我們一生裡最具有神聖意味的時刻了。至於其他那些祕而不宣的快感話語，不過是各種語言的翻譯不同罷了。

男人傾向於像熊一樣吼叫，或喊出單一音節的字，例如「進！進！進！」。在義大利作家藍佩杜薩（Lampedusa）的小說《豹》（Leopard）中，男主角的老婆在行房時還曾經喊著「聖母瑪麗亞！」總之，女人的叫春，充滿著無窮盡的聲音種類。

為何男性或女性都喜歡這樣打肺腑中叫出來呢？原因難解。印度人對叫春有分類，並與鳥的啼叫比較，還警告人們，鸚鵡與八哥可以輕易地模仿人們的叫床聲。床上的浪語一再重複，那實在不是一件好事，所以絕對不要在閨房裡放隻會亂叫的鸚鵡。

學習去解讀，並欣賞那些床上的「音樂」很重要。尤其要能分辯當對方

說「不」，到底是指「天殺的，快給我繼續下去！」還是真的「不！」。
這種聲音因人而異，你必須夠敏感地觀察，領悟其中的意思。

　　某些「話」就很普遍，當你觸中要害，對方便會發出喘息；當你深入其
境，對方便會一陣戰慄地吟哦。有些人會一直以一種嬰兒式的喃喃聲哼個
沒完，或重複些幾乎不可能會從他們嘴裡吐出來的髒話——甚至在幾條街
外都還聽得到他們的喊叫。

　　不過，也有些人沉默是金，會吃吃發笑，或不自覺地飲泣。有些是大聲
婆，渴盼能扯開嗓子大叫；有些則喜愛在嘴中塞點東西，或用日本春宮畫
中的那一招，把頭髮含在嘴裡（因為傳統的日本房舍中，只有紙糊的門板
隔著，行樂時必須設法噤聲）。男人也同樣會在高潮時大喊大叫，但要像
一些女人那樣喋喋不休地出聲，倒是不常見。

　　習慣安安靜靜做愛的人並不代表不享受，應該是人們很容易被禁止的事
給制約住了吧！如果你喜歡在床上時來點聲音，開場時就跟對方講好。對
某些女人來說，擔心呻吟聲太過粗蠻，而有所遲疑，對方的鼓勵這時就很
有幫助了。同樣地，如果對方的某些表現會讓場子冷掉，開場前就提出來
吧；如果淫聲不討喜，說些浪語也挺不賴的。（參見「愛語」）

　　重點是，在相互盡興的性愛中，你大可以愛怎麼叫就怎麼叫。我們居然
必須這樣白字黑字寫出來，實在很荒謬。一切都是那些住家或飯店設計師
們的錯，他們好像都是跟一些床上的啞巴結婚，而且似乎都沒有孩子，不
然他們一定會把牆砌得厚實些！有時，為了安全起見，靜悄悄地做愛，用
手牢牢地摀住對方的嘴巴，還頗有樂趣。另一個選擇是在做愛時，同時進
行兩個方式——直接了當、斯文地搞一場，而且配合著說出心中幻想的狂
野版本，就當作是接下來的暖身。

　　性幻想可以盡情狂野，因為這是一個可以盡量撒野的地方，保留給你所
有不太可能實現的幻想。你也能趁此了解伴侶在想些什麼。這些性幻想可
以是異性戀、同性戀、亂倫，也可以是溫柔的、放浪的，更可以是嗜血的
重口味——別自我設限，也別害怕伴侶說出來的性幻想，這只不過是一個
你在遊歷的夢境而已。但是，也請小心去處理這些夢境，因為它們有可能
會在白天清醒時，冒出來干擾人。聰明人就讓它們通通隨著高潮一瀉而去
吧。

　　愛人之間，理應清楚地**了解彼此**而無須擔憂，也知道不會互占便宜，但
假如你發現自己會受**到**這種包含肉體、精神的雙重裸露干擾，那就定下規

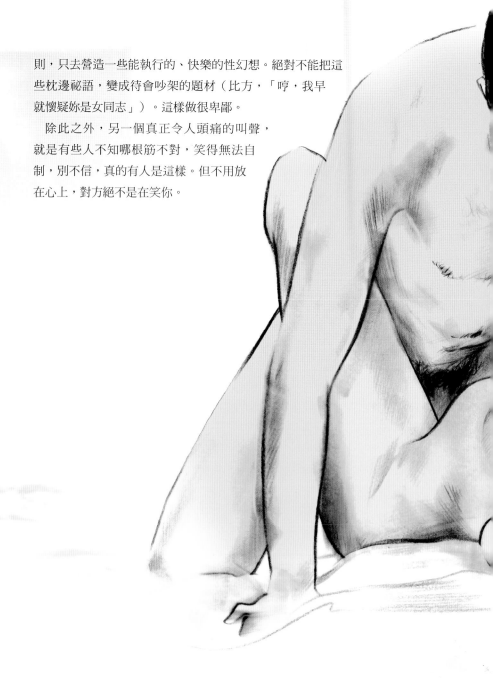

則，只去營造一些能執行的、快樂的性幻想。絕對不能把這些枕邊祕語，變成待會吵架的題材（比方，「哼，我早就懷疑妳是女同志」）。這樣做很卑鄙。

除此之外，另一個真正令人頭痛的叫聲，就是有些人不知哪根筋不對，笑得無法自制，別不信，真的有人是這樣。但不用放在心上，對方絕不是在笑你。

清晨鳥鳴式
在彼此都很享受的性愛裡，盡
情地發出呻吟吧。

昏厥式 Little Death

有些女人真的會在那當口昏死過去，就像法國詩中的「小死了一番」。男人偶爾也會如此。這種經驗不會讓人不舒服，但可能會把一個沒經歷過的伴侶嚇到軟掉。

有位仁兄就遇過這種事，那是他生平第一個上床的女孩，當女孩醒過來時，她解釋道：「喔，真是很抱歉，但我常會這樣。」而他老兄早已經打電話報警叫救護車了。所以，有些人在高潮之際，做出任何太超過的吶喊、抽搐、歇斯底里地狂笑、哭泣，或其他不尋常的舉動，其實不必過分緊張。

相反地，有些人只是緊閉雙目，也不表示不樂在其中。適度地發出聲音，與表現出激烈的反應，是頒一個做愛技巧獎給伴侶。不要發出令人誤解的反應，因為伴侶一點也不需要這些緊張的感覺。

儘管，有的男人是在特殊時刻假裝一下，但不管男女都可能突然有過高潮後劇烈頭痛。無論如何，在經過了各種「震撼教育」後，你就會很快摸清楚伴侶的模式了。

好吧，如果真的有突發狀況，讓你的另一半兩手一攤，過了一會還是不省人事，就別管丟不丟臉了，叫救護車要緊！

再現高潮式
讓對方起死回生。

再現高潮式 Come Again

　　並非所有的人都辦得到，但我們可以確定，能做到的人遠比實際上已經
做到的人還要多，尤其是男人。

　　享受高潮迭起，即使不是全部女人都能如此，但在性交、指交或口交
時，或在一次高潮後的愛撫調情過程中，只要讓自己充分感受，並樂於持

續下去，那麼多次高潮對女人並不難。因為，做愛時真正進入狀況的女人，會像男人那樣「射過了就完全停擺」的實在不太多。一些女人會處於連綿不斷的高潮波濤中，但並沒有所謂單一的浪頭式高潮。感覺這玩意，無法靠分析來解釋清楚，它與生理狀態、情緒、文化、生長環境，以及是否跟她所喜歡的男人做愛等因素，都有微妙的關連。

因此理論上，假如妳已經有一次真實而壯烈的高潮，那麼繼續做下去，妳極有可能還會再有才對，除非是體力虛弱、容易疲累的人，或是那些在每次高潮後，寧願保留這種隨著強烈快感而來的鬆懈滋味，不想馬上跳到下一場激情的人。如果妳想再來一次，就暫時離開超級敏感的陰蒂，改往身體其他部位去，比如U點或者尿道口附近。

換成男人，就變得複雜多了，就像是閃跳燈泡一樣，總要有點時間才能輪到它再亮。有時換了個新伴侶之後，男人再勃起所需的時間，這比跟固定伴侶還短。許多的男性都被愚弄了，性愛後的他們其實沒有自己想像得那麼累。

萬一他辦不到，或太憂慮，那就別跟他講理了。此時，必須由妳這位女士出面接管。如果妳因此大失所望，也別被這種落寞折騰一整晚。建議妳使出一些轉移他注意力的娛樂，大概半小時左右，然後以手、口犒賞他，使其再度「神氣活現」。漂亮地完成這一招，將會使你們的生活添加新的面向。假如妳的服務無法讓他有起色，那麼就休息一下吧，他需要的可不是當下的壓力，而是妳保證下次一定沒問題。畢竟，妳又不一定要靠他的勃起才能高潮。

有兩個重點提示：第一，有些男人在高潮一過，性器官便無法忍受些微的刺激，甚至會覺得強烈疼痛。假如他屬於這種人，不妨給他半個鐘頭或更長的時間休息。第二，如果他真的還想再插入，還有個姿勢可以補救。許多女人可以在雙方都側躺時，被一根不全然堅硬的陽具從後插入，也能插得挺順利呢。一旦開始抽送的動作，通常理想的硬度就會跟著回來了。

某些男人太累的時候能勃起若干時辰，但無法達到高潮。實際上這樣的人是慢慢來而不躁進，可以成為性愛場上的運動員。但如果一直都沒有高潮，就得找醫生聊聊了。（參見「男性高潮」）

有些伴侶雖然用盡了全數的熱情與勁道，但還想在結束前來個「再見高潮」，因此喜歡面對面躺著，欣賞彼此手淫、衝向高潮的模樣。這簡直是效果加倍的作法，能出乎預料地挑起強烈興奮呢。（參見「自慰」）

過度 Excesses

性，沒有所謂「量」的問題，情勢自然會決定量的多少，例如當女人感覺疼痛、男人覺得累了，便會自動停止。幾世紀以來，從事醫學的女性和思想傳統的婦女，一直宣導性愛過量會讓人虛弱，諷刺的是，她們卻從不對女性過量的勞動提出忠告，也很少去重視飲食過度的問題。

事實上，就身體能量消耗來說，性是最不會令人感到疲倦的運動。假如你在性行為後感到精疲力盡，那不禁要懷疑是否你對性愛的態度有偏差，或很有可能是睡眠不足。

男人常忘了，女人要工作持家，甚或蠟燭兩頭燒，就算她們再想做也力不從心。畢竟，她們又不是古代後宮裡那群游手好閒的嬪妃。女人也常忘了，儘管對男女而言，性是解除壓力的最佳途徑，但心裡的偏見，反而比肉體的勞累更會引起男性痿靡，尤其是當他們一心想用奧運精神驕傲地展現男性雄風，那就更慘了。

兩人不同的睡眠時間和需求，若不互相熟悉和溝通，可能危及伴侶關係。所有情形都不必隱瞞，全說出來。只有那些沒安全感，又不懂雙向溝通的人，才會把對方真的很需要睡眠，當成是求愛被拒而大發脾氣。

性，通常是先使人累到一定程度，然後才進入鬆懈與鎮靜。但有些人會因此精力旺盛。如果你屬於後者，不妨起身走走，讓另一半恬靜地在愛的退潮中休息。半夜裡，沒有任何安眠藥比得上一場激情、雙向交流的高潮。有行動力的愛人，根本不需要安眠藥。

就算你真的把自己操到谷底，也沒有什麼消耗是補不回來的。與老舊信念相反地，其實性活動越豐富，性的品質越理想。當熱情充分燃燒之後，既減緩了以前過早達到高潮的速度，卻讓女方反應更快。所謂「小別勝新婚」，那精彩的高潮，在於重逢時引爆的張力，而非分離時的禁慾。分開兩地時，你們大可以每天「自行洩洪」，重聚時照樣會一飛沖天。

經常做愛，能讓性功能維持正常，一路到老，這不光是個習慣，也能讓荷爾蒙水平更旺盛，看起來元氣飽滿。附帶地還能預防心臟病，增強免疫系統功能以及減低憂鬱，何樂而不為呢？

不過，有一點要特別注意，如果妳的他得靠藍色小藥丸，那麼太多的性愛可能會對他造成損害，甚至是罹患陰莖異常勃起症（參見「勃起」）。當我們說性愛永遠不嫌少，可不是指性上癮症。如果性對你而言，是伴隨羞恥感跟痛苦，是強迫性濫交的行為，我們建議你求助於專業協助。

同時高潮 Simultaneous Orgasm

傳統性學家認為，同時高潮是令人夢寐以求的：威爾漢‧賴希（譯注5）稱這樣的高潮是最強烈的；金賽認為這是親密關係的最高階段；現代婦產科專家則說，同時高潮能讓女方增加受孕機會。

事實上，同時高潮多半是巧合跟好運的下的雙頭彩。通常人很難在專注自己高潮的同時，也兼顧到對方的。

如果要在這中間取得平衡，往往就會陷入一種感官享受外的「監視狀態」，簡直跟走鋼索一樣困難。如果你們熟知雙方的步調，就可以試著先把注意力放在比較慢熟的一方，等到那一方被點燃起來時，自己再加快腳步跟上。

用手彼此愛撫或者以69式口交（參見「69式」），都可以讓你們在正式來之前暖身，比較有挑戰性的下一步，是男方在進入陰道時別那麼快衝刺，讓女方先很快地適應一下再同時並進。這時很適合採用貓式。

記住，同時高潮並不一定指插入後一起高潮。但這也不是指兩個人作弊地一起自慰，或者男方一直忍耐，從女方好幾次高潮中挑一個見縫插針。大多數人一輩子都無法跟另一半同時高潮，所以沒有也別太為難自己。

速戰速決 Quickies

又快又準的「打快炮」，對許多人深具吸引力。但這需要雙方互有好感，性慾反應醞釀較長的女方，這時也須能快速沸騰。不過，一對好伴侶總是能在意志操作下，享受甜美的快速性交；也能在沒有時間限制下長程做愛，享受跟打快炮迥然不同的甜蜜滋味。換言之，若你無法控制長時間做愛的技法，就不可能體會速戰速決的美好。

一旦你了解這些要點，想速戰速決的念頭將激發你的創意，這時應鼓勵它發光發熱，在幾乎任何地點，如從半夜的房間到階梯上；以及任何時段，只要兩人落單，而且興頭一來，就來場肉搏戰吧。

這並非只要一方有意，必須是雙方都剛好有慾望，而最大的樂趣便在於，慾火燃起時不言可喻的默契。速戰速決，通常都帶點機智，也滿需要技巧，這表示需要精於布置場景、善於站立和其他相關姿勢，以及慣於不脫衣服說上就上。

最理想的速戰速達到高潮的姿勢，並不包括婚姻中那種脫光光、好整以暇的方式。它可能意味著你們必須在椅子上、頂著樹幹、躲在盥洗室。假

速戰速決
隨時隨地引燃慾火。

如你們興致來了，能勉強忍到回家，就算拖上半小時，一樣算是速戰速決。但任何超過這個時間的，就不在此列了。如果你們剛好在屋內，興頭湧上時，即便是手頭正在忙，也千萬別忍。

間歇式 Holding Back

當性慾被撩起，隨即被減緩時，就會產生極大的性張力。在心裡學上，這樣的行為會造成不確定性；在生理學上，這可是會讓全身血脈賁張，而有個強烈的高潮。

典型挑起情慾的步驟是往前衝、有韻律地持續、製造穩定的刺激；但間歇式剛好相反，一旦覺得興奮時，故意改變慾望的方向，使性愛過程有點冷卻，但這是準備要迎向更高的頂峰。通常的做法是換個速度，突然變慢或者加快，當然，整個停下來最有用，但時間點要拿捏得當。對某些女人來說，這種不規律的節奏更能將她們帶往高潮樂園。

這是個需要雙方配合的冒險招式。在進行的同時，你們可以用眼神示意或者聆聽對方的呼吸聲，就可以知道何時該快、該停或要繼續。男方也許停止抽送，或者女方可以做個暗號要求他暫停，手部跟舌頭的動作也是。

另一種玩法是，除非被允許，時間還沒到或者一首音樂還沒播完，誰也不准高潮。當你快要被慾念給淹沒，而想要投降時，就是性張力最高漲的時候。

藏傳佛教中的金剛乘教法就非常鼓勵人們使用這種方式，好讓雙方達到開悟啟明的境界。如果能多知道一點佛教怎麼講這招就好啦，可惜這已經是個謎了。至於，跟間歇式類似的「拜託請你繼續！」的方法，請見「幫他緩慢自慰」。

鬆弛式 Relaxation

可能這是多數人的經驗，當肌肉緊繃到極限，伴隨而來的就是最強烈的高潮。所以，許多技巧（如「綑綁」）的設計，用意便在讓這股緊繃的力量爆發出來。但這也並非放諸四海皆準。

完全放鬆的高潮很難掌控，多半因為這種高潮通常無法由人力控制。有些人，主要是女性，當緊繃狀態發生時，似乎會很明顯地干擾了性反應的完整，而太多的力道似乎也會讓快感打折扣。

我們就看過一些書籍提及這種情形，譬如會推斷說：緊繃的高潮代表對

完全解脫的恐懼、痛感等等。事實上，關於性這檔事，唯一通行全宇宙的說法應該是「沒有一種模式適用於每一個人。」至於人與人之間有多大的差別，決定於體能狀況、潛在的侵略性，而個人的喜好反倒不是那麼重要了，總有人需要這個，有人需要那個。我們的意見是，大多數的人經由緊繃與放鬆的練習，可以讓性生活變得更豐富。

的確，某些緊繃表示不放心撒手「一瀉而去」，有些人卻偏愛在被迫就範下達到高潮。即便如此，也不要忘了嘗試其他的形式。

那種婚姻生活裡直接了當、帶點睡意、無啥別緻的做愛，也可稱得上「放鬆」。但我們要的可不是這個。想進入放鬆式的高潮，其中一個伴侶必須完全被動，由另一方單獨操作；或者雙方都在不費力的狀態下，還能自然地動起來──從內在機能看，這時其實全靠女人在「她的乾坤裡」操控。都試試看吧，在開始的階段，兩種都同時採行會比較容易。

一開始最好的方法可能是，在進行日常性交中，比較被動的一方（通常是指在下位的那個人，但也有例外），快進入高潮時，立即停下動作，全身徹底放鬆（必須先告知你的伴侶，否則可能嚇到人）。有些人能夠很自然地進行這方式：假如你受過鬆弛的訓練，就從讓一根手指頭放鬆開始，你學過的相同技巧在此處都能用上。

在前幾次，你或許還是會有些緊繃；但多試幾次，大部分最容易被煽動情慾的人也能學到上手，讓高潮順其自然地發生。他們將發現這種快感跟之前那種企圖想要達到、拼命要爭取到、盡量在拖延的那種高潮感受很不一樣。不要想拖長，千萬別用力。

當伴侶在幫你自慰或口交時，你一邊就要使用這套放鬆練習了，比如女方可以先用手及口來舐弄陰莖，等到男方已經熟練放鬆練習了，再轉到性交。這時，伴侶的操作方式，就跟我們平常描述「緩慢式自慰」是一樣的。只不過，操作者這回要的是不太一樣的反應──以「重口味級」版本而言，不管你的伴侶被綁著與否，都必須謹慎地由控制場面或扮演強迫者，盡量逼出對方的反應。

以「輕口味級」版本來說，你必須比他們的反應搶先一小步，這樣他們的身體才不必挪動或掙扎。其間的不同，很難訴諸筆端，需要實際操作才有感覺。就操作層次來說，這意指更快、更穩定的刺激節奏，沒有慢吞吞的挑逗，也沒有突然的爆發，純粹就是由你操作，而對方放手讓整件事發生。

在性交和其他的刺激動作中，包括其他我們提過的技巧，你都能套用這方法演練得宜，就可以來試試「無動作性交」。當然，它不是毫無動作，但是在第一回合輕柔的動作後，試著什麼都不去想。某些動作還是會有幾分自動繼續下去的趨勢，但隨著時間過去，和累積了練習時的經驗，就讓意志力變得越來越輕薄，特別是女性能夠善於操控其陰道肌肉。（參見「愛肌式」）

最高超的境界是，有些人學會了插入後就通通放鬆不管，卻照舊能讓自己達到完全忘我、融化的高潮——這簡直無法形容，光靠言語很難讓人了解，但當它真的發生時，簡直妙不可言。

我們再次地強調，這技巧並不是指要慢慢來、要去拚命忍、要用意志干預；如果你發現這樣很難做到，就跳回到平常的那些動作，但必須腦子放空，不要想太多。有時，你們倆就是會去想是否該換下個動作、高潮快來了等瑣事，但令人十足銷魂的高潮，可不是想要就有，何況就算只是一般的、靠勞動力的性交也滿好的。假如你真的做到了，感覺也棒極了，那你自然會一直想重複下去。

確實地鬆弛，和那幾乎叫人心驚的渾然忘我境界，正是許多性愛瑜珈師所致力的目標。某些性愛的神祕主義者推薦一種特別的放鬆姿勢：男生以左側躺著，女生與他呈九十度正面躺臥，膝蓋屈起，大腿跨越過他的身體，腳板平放在床上。這姿勢是否有幫助，就要看你們體型的大小了。另外，我們實在是不清楚這樣的角度如何能夠讓陰莖插入哩。

這的確值得大力推薦，即使是那些不易放鬆的人，也不妨將我們所描述的技巧都做看看，把目標放在鬆弛，而非那種大到極限的緊繃，再依此調整身體的反應。

同樣地，那些能夠自然而然就放鬆的人，偶爾也應該換換那種全身緊繃的玩法。就像那種習慣兩腳亂踢的人，有時也該來試一下強迫靜止不動的滋味。

這個類似實驗性的做法，與我們生理已經建構好的性反應機制正好抵觸，但它的好處在於拉大一個人做愛的領域，而不是只在那些機械式、宛如玩特技的多樣姿勢上打轉。在所有做愛技巧中，這是一個不太需要力氣

的姿勢。但只要你們的體力與精神都負擔得了，它確實挺有效的，能讓你們想做多久，就做多久。

後戲 Afterwards

哲學家亞倫・華滋（Alan Watts，譯注6）曾說過，高潮是性愛最愉悅的標點符號。但，那絕對不是句號，即便你們都已經攤軟無法再戰。高潮之後雙方如要將身體分開，特別是你還在她身體裡時，也必須是溫柔的將注意力放在對方身上，而非粗魯行事。

人在高潮後的自然反應可能加分或者扣分。大戰方酣之後混合的賀爾蒙常會讓兩人覺得彼此更親近，或者讓男方呈現任人擺佈樣，或女方極需情緒撫慰（參見「激素」）。

所謂，做愛後的動物感傷，眼淚在此代表的不是真正的悲傷或焦慮，而是感覺脆弱和想要被貼近。賀爾蒙中的泌乳刺激素在這時作用，提醒大腦大事已成，注意力可轉往他處了。因此，男人在性愛之後會傾向不多話。不過這時我們建議男人要能超越本性，給女方多一點強而有力的肢體關懷，說說情話；而女人要相信，男方事後沉默不語或者呼呼大睡，並不代表他冷漠。

如果整場性愛中，女方都沒有高潮，現在就是她個人獨秀的好時機了。身為紳士的你，如能幫忙最好，不然也要親密地摟著她。你可以讓她枕著你的手臂（或者如果她喜歡被操控的話，也可以抓著她還空閒著的手），同時輕輕觸摸她，把注意力放在她身上，低聲呢喃。女方需要知道她的自慰也正誘引著男伴。

這個互動變成另一場較勁，或者，在她高潮之後，你們又會因此再戰一回合呢！

甦醒式 Waking

女人說：「只有男人會在勃起狀態中醒來，女人可不會。女人是有可能被一陣陰道痛感給弄醒，如果身邊有人可以磨磨蹭蹭倒也還值得。半夜中被他摸摸弄弄給搞醒，是滿刺激的。但假如歷經一個糟透了的白天，或第二天一早又要開會什麼的，就少來這套。有點常識嘛，在一個人睡得很沉，好夢方酣時，這招也不適合。」有些人要花上好幾分鐘，甚至個把鐘頭才能真正清醒，雖然你的她可能喜歡那種在溫柔的做愛中被弄醒的感覺，對她們而言，性愛似乎比鬧鐘管用。但這時才剛清醒，所以別期待女人太有活力。

麻煩的是，許多男人在這個時候「性」致勃勃，很想被女人騎上來、幫

忙打手槍、吹幾口喇叭。你們應該把這種「晨起」的情趣方式,盡量保留在週末或假日,才有好戲唱;還有,不管勃起與否,先去泡杯咖啡、刷刷牙,提提神吧。

有些伴侶很幸運,彼此上床與醒來的時間都差不多。但假如有一個愛早起,另一個是夜貓子,那清醒可能會成為兩人的麻煩。如果你有這個問題,就該和對方討論。有些人的確是拿睡覺當作逃避做愛的藉口。然而,在那些日夜作息無法配合的愛人身上,這可能是真的,而非託辭。

假如你們已經有小孩,可能得早起為他們打理,也因此多了些限制,不是想什麼都能做。(參見「愛肌式」)

甦醒式
在一個人身邊醒來,並開心地感到兩人之間的愛,是清晨最幸福的事。

Chapter 4 Sauces and Pickles

調味篇

遊戲時間 Playtime

我們之前已提過，現在再說一遍：性，是成人遊戲中最重要的一項。如果不能在性愛中放鬆，那在別的地方也絕不可能。別害怕「心理劇」這玩意，去做蘇丹王與他最鍾愛的情婦吧！或是扮演竊賊與女佣，甚至當一隻狗和松鼠，任何你想化身的東西都行。總之，把你那規規矩矩的框架，連同衣服一併脫掉吧。

有些人很熱中把人類最古老的戲劇元素加入性愛中，例如面具，能夠

隱匿本我，變身為他人（參見「面具」）。大多數人可以學習在不戴面具時，達到類似效果。讓精神完全裸露，是令人無比興奮的天體經驗——那完全的程度，會讓一個人在剛開始時，產生一種很自然的害怕反應，但「漸漸學會不怕」可能正是性愛裡最重要的一門課程。

　　別想借酒壯膽達到目的，它反而會讓人欲振乏力。透過實際的性愛來發洩，並藉此放鬆，絕對比吸大麻、飲酒還值得。

　　所以，叫妳的男人化身為羅馬人、黑幫分子，甚至女人或小狗也不錯；

遊戲時間
把你那規規矩矩的框架，連同衣服一併脫掉吧。

或索性讓她扮演處女、奴隸、蘇丹王、羅麗塔（譯注7），或任何令你們動
心的角色。

當你才三歲時，根本不會怕東怕西，就讓自己退回到那個放肆的年紀
吧，只不過這次你的心眼裡多了大人的「一肚子壞水」哩。

至於規則，就跟孩童遊玩時一樣，如果你們已經玩到變調或不悅，立刻
停止；讓遊戲保持狂野與興奮，才能得到最大回饋，這也是成年人玩遊戲
的優先考慮！

日本式 Japanese Style

係指在地板或墊子上性交。這跟許多東方的性技巧一樣：有半裸、很多
全蹲與半蹲姿勢、綑綁藝術、事前備妥各式道具（參見「挑情裝置」）。
此處所說的性風俗，是來自十八至十九世紀前期的日本浮世繪。

唯一困難之處，是模仿日本人的暴力美學與繁文縟節，這跟西方人習慣
的溫柔截然不同。其他的相異處，是對女性進行的手指愛撫：拇指插入肛
門，其餘四指或各式各樣的道具則戳進陰戶。那些道具包括龜頭造型的硬
物、陰莖狀的管筒、假陽具。或者將陽具五花大綁，讓它野性大發，勃然
堅挺，等著衝鋒上陣。也可以手握一把人造陰毛，當作助興工具。

姿勢涵蓋甚廣，但浮世繪裡的那些愛侶們顯然偏愛強暴式的蠻力。喬
治・莫爾（譯注8）形容那些人是在「瘋狂私通」，審美取向都放在巨陽
崇拜、大量的分泌等。從這套傳統來看，日本的性愛真是重口味啊。浮世
繪的二十一世紀繼承者是成人漫畫，批評者憎恨書中的暴力，但支持者認
為，在許多色情漫畫中，性被視為正面健康之事，且女性會被描繪成主導
的角色。有些漫畫中，少女還會被怪物吸引呢，真是什麼情況都有。

馬式 Horse

馬，向來具有情色意味象徵（參見「衣物」）。在馬背上嬉戲或騎馬，
會挑逗一些人的情慾，乃早有耳聞。亞里斯多德就是迷戀此道者，據說他
常樂於被女友當馬騎。而中紀的衛道人士沒看到重點，才會貶斥這行徑。

有些男性很喜歡將女性裝扮成馬的樣子，即使她們受限於身材，未必真
能當馬騎，但這副野性十足的扮相，跟「扮成小白兔」的溫吞有所不同。
我們之所以在此提到它，是基於把全部姿勢湊齊，並不表示我們特別偏愛
這姿勢。不過，這類情趣扮裝，確實偶爾會在早期的情色文學中出現。

不管男女，都可以當成一匹駿馬。多奇怪哩，小孩子玩騎馬打仗，是爭著想當人去騎馬，但成人在搞情趣時正好相反，是爭著當馬被人騎。

有些人玩出心得，還把全副行頭都買齊了，包括馬銜、馬鞍等，或者在SM遊戲中，讓扮演奴隸的人拉著韁繩駕馭他。

印度式 Indian Style

現在，印度所謂的性愛經典，如《印度愛經》（Kama Sutra）、《科迦論》（Koka Shastra）等已廣為人知。其中最常見的交合場景，是男女在床上或墊子上全裸做愛，女方身上則配戴了許多飾物。

其中有不少複雜的姿勢，有一些是從瑜伽體位演變而來，目的都在延後男性的射精（參見「凱拉薩式」）。其中以站姿、女在上位被視為格外虔敬，因為在密教中，女性被視為能量，而男性則是一種神的「內住性」。

所有的姿勢，若你不是單為換口味而做，而是秉持其原始精神，會發現都和印度人對生命許多層次的愛有親密聯結——不僅是性，還包括神祕的冥想技巧，讓人試著主觀上同時成為男性和女性；或是改編過的性愛舞蹈，讓人做愛時也表演毗濕奴神（Vishnu），和其化身阿梵達或羅摩（Rama）。在關於舞蹈的古籍中，有些部分提及了性技巧。廟宇的舞者虔誠地奉獻出自己，這是宗教的一部分，想模仿並不容易，即便我們已經對這些印度知識有粗略了解。

印度式有一些特殊的專長，如愛的呻吟（參見「清晨鳥鳴式」）、愛的拂動（以手指尖在乳房、背部、臀部和私處遊走）、愛咬（象徵曾經擁有），以及為了挑逗情慾而做的搔癢記號——以長指甲在皮膚上製造刺激感，從輕微的拂掃而過，到熱情的抓搔，程度不一。傳統上，印度人是抓在腋下和腰部（內褲地帶），免得在白天穿著的傳統服飾中露出痕跡。

假如女方體重夠輕盈，那麼在所有印度式技巧當中，站姿最值得學習。舉例來說，少數女人就算從出生後都沒有受過訓練，還是能夠做到下腰的姿勢，然後把手臂環抱住雙腳，頭擺在兩腿之間，讓男方輪流在她的嘴巴和陰戶兩處交替抽送。或者，以單腳站立，另一腳勾在腰部，有如廟宇中的女性雕像。

印度式最棒的成就是愛肌式，源自印度的坦米爾南方地區，可惜沒有文字流傳下來。雖然一些神廟的舞孃都從母親那兒傳承了一些心得，但畢竟已不完整了。

譚崔（Tantric）是印度性愛的一個分支，也是時下相當流行的方式，可是也被誤解得很嚴重。一般的詮釋——或者說流行的做法——通常是著重在性姿勢與性技巧上，但譚崔性愛的真正核心，並非姿勢的表演，甚至不是要達到高潮，而是很簡單的要愛侶們活在當下：呼吸、動作、感受覺醒，而非草草完事。譚崔式的「狂喜」並不僅是快樂，還可能幫助愛侶們記得譚崔所說的「交織融合」的境界。

貞操 Virginity

傳統上來說，貞操通常是對女性的要求，並且透過保護和控制的手段來箝制女性；相反的，對於男性而言，失去貞操可是件值得誇耀的大事。直至今天，在某些社會裡，女性在婚前失去貞操會被當成罪人，甚至被判死刑；不過，在某些社會中，這卻代表一種釋放：想被愛和去愛、同儕們都已有性經驗，自己卻還沒有體驗「初夜」的焦慮，因而想透過這樣的行為順服或克服焦慮。

如果你遇到的性愛對象是處子，在確定彼此都想更進一步，並且想清楚可能面臨的後果之前，可以先停留在非性交的愛撫階段。不管你們怎麼做，務必溫柔輕緩——不管對方是處男或處女，一定都會很緊張。男方可能無法勃起，女方則可能不夠濕潤，這兩種情況都能透過反覆的撫弄搓揉來解決。先用手指把她的陰道撐開，這應該不會造成疼痛，如果會痛，表示動作太急太快了，或者，可以等下一次再做，不要急。「蜜月」傳統上為期長達一個月是有原因的，除了讓愛侶們有足夠的時間探索性愛外，也讓他們在情感上更親近，所以對於性愛的探索也會更有安全感。

普遍來說，女性的初夜比較會有不太好的經驗，可能是男方一達到高潮就停手，女方卻還未完全盡興。請別太在意這些遺憾，這都是正常現象——只有大約三分之一的女性說她們很享受初夜經驗——還有，第一次性經驗未必是最重要的，失去貞操是一回事，一次有意義且愉悅的性經驗啟發則是另一回事。她可以簡單的將前者視為練習曲，而將真正的「初夜」定義成她的第一次性衝動、第一次高潮，或者與初戀情人的性交。

另一種極端，是假裝是自己沒有經驗，需要被伴侶誘導的「初夜」，以此來慶祝結婚週年紀念也不賴。酷好此道者，還會隆重地玩上個「全套」，例如預先定好蜜月旅館，成效往往比當初的蜜月之旅還棒呢。甚至，乾脆舊地重遊，指定當年相同的那間蜜月套房。或者，你們也能玩得

更頻繁，像是每天在家裡，女方可以性感地說：「今晚，我是處女唷。」

衣物 Clothes

現代人裸身做愛、裸睡，都可以算是從清教徒教義中重獲部分自由。穿在身上的衣服，就是為了「被脫掉」。做愛時互相脫衣，就是很好的開始；或者，表演脫衣秀給對方看也很棒。

有些女性雜誌常會以戲謔的方式，描述女人欲脫還羞的動作多麼讓男人動心（參見「脫衣舞」），但這只是刻板印象，未必都是女人來脫，彼此都應該練習如何熟練地為對方表演脫衣舞才是，最好能練到以單手進行。

衣物，以及脫除動作是一種刺激，假如要認真看待，這樣的情結在生物學上還有個名稱，叫做「挑逗物」，指製造勾魂效果的物件。對男性而言，它們可能是強調臀部、乳房線條的內衣，或緊貼的內褲，反正能把女人曲線表露無遺的玩意都算。

女性就不太依賴這類視覺刺激了，她們還是得遇到在感情與社交層面都契合的男人才行——因為現在的男人在公共場合，通常習慣穿著寬鬆的長褲與扣好的襯衫，以隱藏住他們的性象徵。不過，很多女性還是喜歡循序漸進：先從男伴光著下半身開始習慣起，慢慢變成可以裸睡，或赤裸裸地在家裡走來走去。

有些人對某類衣物天生就有很強烈的反應，通常是男性，或部分女性。這便是所謂特殊性癖好的基礎。到底哪些衣物對哪些人確實有效？實在是因人而異。反正，當事人心知肚明，懂得自己要什麼，以及如何找尋。

什麼衣物會「勾引」什麼人，就像鮭魚只挑牠愛吃的餌一樣，別的通通不沾。一堆羽毛看起來大概不怎麼合鮭魚胃口吧，不過它結合了滿足好奇的刺激感，以及頗富挑釁的意象，足以撩起亢奮。

人類會對什麼物件起色心，原因挺複雜的。每個人天生如何被安置這枚慾望的「開關」，無從得知；但其中有些物件的特質是很好辨認的，就像上述被拿來煽動慾望的羽毛，它也代表了一些內涵。

例如，人造皮——緊貼、閃亮、肌膚質感；人造性器官——壯碩的陽具、兩腿間的縫隙、點綴的陰毛；溫和的威脅感——黑色、皮革、一副善於玩弄的模樣；屈從感——被緊緊綑綁、奴隸戴的手銬腳鐐；以及，能代替性器官的部位，如嘴唇之於陰部，足部之於陽具，便是俗稱「念念不忘的對應物」（譯注9）；亮晶晶、叮噹作響的耳環、鍊子；女性的象徵

衣物
如果妳的伴侶有服裝上的偏好，那麼，妳不妨盡情發揮。

——細腰、巨乳和翹臀、長髮等。

另外，能讓人興奮的東西，則是質地，如濕漉漉的玩意、毛皮、橡膠、塑膠、皮革等。許多人對這些都有輕微的反應，它們是另一種基本的性愛時尚。有些人則是對一些特定東西有強烈反應，一旦少了它，就難以發揮完整的性愛功能。不過，這些特定的東西也因人而異，比食物口味的差異還大。釣客要繫上什麼樣的餌，事先必須掌握想釣的魚的特性；穿衣服也是如此，應該先弄清楚對方的喜好。

一般挑逗物會有三種層面：

一、緊貼、光滑的黑色皮革：極具女性特質的人造皮，它也暗示著「可以玩一玩侵略意味較強的性愛。」二、超迷你、緊貼的丁字褲：不但能將她的陰戶藏住，緊到曲線畢露，又能保留住她的體味，可以直接在上面親吻，然後一路穿透進去。它也暗示著「調皮、性感的女孩氣質，會穿上它的可不是乖乖女」。三、束腹：可以雕塑女性的玲瓏曲線，暗示「被緊緊束縛、無助」的意象。記著這個比喻，一匹馬，從後面看，對男性就是個「挑逗物」，因為牠擁有長長的毛髮、大大的臀部，和搖曳生姿的步履；換成一頭牛，可就天差地遠囉。

特種行業的女郎，深悉這些基本的生物學原理，了解用餌之道，懂得靠打扮引誘各路「食」客。許多女人對衣服也有特殊癖好，但似乎總在憂慮這會讓自己變得「怪里怪氣」，尤其擔心「他是愛上我的長手套或性感黑內衣，而不是我！」這是錯誤的推論，如果妳的男人因此起了生理反應，妳在他心中的價值也不會改變，甚至妳越善用這些技巧，他越珍愛妳。

至於心癢與否，並不是妳可以選擇的，強求不得。如果他剛好喜歡，那妳每次都可以吊得他胃口大開。

但也不必硬將自己扮成另一個人，因為在回應伴侶的慾望時，妳也要覺得自在才對。倘若對方的某些癖好妳可以應付自如，那也不妨樂得去滿足他。此時，「妳」要讓他看到：妳明瞭他的需要，並予以回應。如果妳對他的癖好也有亢奮感，就告訴他，且好好利用它們。

假如他喜歡看妳奇裝異服，就放膽去穿上他希望妳穿的東西吧，或者至少偶爾配合一下；假如妳也喜歡他穿成某個特殊的樣子，不妨也讓他知道。某些女人對於男人偶爾想要穿穿女人的衣物感到困擾，覺得這樣有失男子氣概（若是女性想穿男性的衣物，反而不會引起這麼大的焦慮）。其實，我們每個人的體內都存在著異性的特質，古希臘神話中，歐菲爾皇后

曾把大力士海克力斯套進她的衣服中，而他未必失去了男性魅力。

我們已經把性當作是一份愉悅，也開始接受它是場遊戲，現在，我們更需要將它當成一種儀式。除此之外，還要認知到我們每個人都是雙性戀者，以及情慾是包括了性幻想、自我意象、角色扮演，還有其他林林總總當今社會仍在憂慮的事，這些都在性愛的範疇內。人類的性愛內容，不是本來就該那麼繽紛嗎？

持續的性刺激能增進女性高潮的反應，但是對男性來說卻是難以承擔的甜蜜負荷，會讓他太早高潮而沒戲唱。性感服裝的目的是讓穿戴者覺得性福、讓伴侶覺得性感。有些衣飾更有助於我們重新學習肌膚的性愛用途。這些配件包括，長長的重耳環、緊身束帶、束腹、皮帶、腳環、會影響步伐與壓迫腳背的鞋子、以及緊貼陰戶的丁字褲。

衣物之所以會讓女性興奮，主要是與皮膚接觸時的觸感，對男性而言，則是它的象徵意義。還有一種格外挑逗伴侶的狀況是，在兩人無法提早回家的公開應酬場合中，女方可以在看似普通的服裝下穿著狂野的衣物。有些衣飾還能上鎖呢，你可以把鑰匙留在家中；為了共享這種情慾張力，有時也可以換男方穿穿看。在持續的感官刺激下，你們卻什麼也不能做，反而能讓無聊的社交活動變得更有趣，而且保證你們回到家後，會有一場絕妙的性愛。

先撇開一些特殊偏好不談，多去了解並學習那些基本的挑逗方式，還是非常值得的；不過，要是某些行為並不能讓你們更來勁，那就別重複了。

束腹 Corsets

束腹，曾經是流行的必備單品，如今再度成為夜晚的時尚穿著，更是性愛遊戲的經典道具。除了讓女性的曲線更玲瓏，對腰腹產生的紮實緊繃感，還能讓不少女人神采奕奕。

有些男人非得自己穿上了，才會產生性亢奮。這可能是緊繃感與對皮膚施壓造成的反應，不過細究的話，仍要扯上一大堆象徵性的論調。

丁字褲 G-String

丁字褲款式很多，有些能從側邊的勾子解開，而那種只要解開蝴蝶結繫帶的更好，這樣當妳採取跨坐時，就不會抬腿踢到妳的男人了。

最好的材質是絲綢，而非尼龍，因為絲的質料更能保留體香。其他有些

材質極具視覺挑逗，但未必適合吻透。

最性感的丁字褲，是專為情趣而穿，而不是讓妳穿上街的。譬如說，妳第一次體驗到陰部被親吻，就應該是對方透過這層薄薄的布。稍後，妳可以把丁字褲突然扯下來，往他的鼻子或嘴巴按住，用力去頂。

那種正前方可以門戶洞開的內褲，跟丁字褲不能混為一談。能吃的內褲雖然有點好笑，但果你一定得吃，可別大口嚼食，應該小口小口地舔。

鞋子 Shoes

有些男人覺得女人穿高跟鞋很迷人，也許是認為她們走起路更加搖曳生姿，或使她們的外型變得更有女人味。

不過話說回來，絕大部分的性愛，女性都是光著腳進行，因此可以優雅地脫下高跟鞋：妳可以保持站姿，不要彎下腰，然後將腿往後伸，單手脫下鞋子。

長靴 Boots

眾所皆知，長靴是許多人的催情劑，而且，越長越好。那些長度過膝的靴子，有著複雜的象徵意義，具有一股侵略性。

長靴曾是象徵妓女的穿著，現在則很普遍。觀察以情趣為訴求點的衣物市場演進，真的很奇妙，還能因此學到人類如何把偏好轉變成流行趨勢。

假如有興趣，長靴的確很適合用來玩「變裝遊戲」。但真正的性行為中，穿著超細跟的鞋子會有安全上的顧慮，可得小心，把它當作上床前的調情聖品還差不多。如果妳的男人有此癖好，哪天不妨突然穿一雙黑亮的緊身靴登場，保證他樂不可支。

絲襪 Stockings

絲襪，當然是性感象徵。那種老式黑色絲襪最討喜，配上吊襪帶，讓人把目光聚焦在重點地帶時，看起來更是淘氣！而褲襪，若不是無胯設計的款式，兩人激情時反而會有點礙手礙腳。有人說，如果你有本事將女人的一條絲襪脫下來，那你就壘得分了。

事實上，在猴急地脫衣物時，或在真槍實彈中，貼身的底褲與絲襪常會被扯壞。你的指甲要是能修剪得平滑整潔會更好，再溫柔地替對方脫去衣物，當作挑逗的前戲。長手套也能撩撥某些人，讓人想起古典淑女。

衣物
脫衣服可以溫柔，也可以狂暴，重點是要有技巧。

陰道球 Ben-wa Balls

陰道球的款式很多，目的都是為了按摩陰道敏感帶（參見「高潮點」），從簡單的一對塑膠球體，到球體內部包覆小金屬球的，或內建按摩器的，種類包羅萬象。它可以被塞入陰道內，或夾在陰唇之間。

當走路或跑步時，它會在骨盆裡造成獨特的顫動感，比使用按摩棒的滋味還美妙。有的可以直接用在性交中，有的還能放在體內一整天，維持長時間的刺激，如果妳承受得了的話。女方若無法將它們保持在體內，可以試試塑膠材質的，比較不容易掉出。萬一事後取不出來，可以深呼吸然後用力推出。這對強化骨盆的肌肉很有幫助。

陰莖套環 Boutons

一種穿戴於陰莖根部的裝置，像是陰莖環，以當作對陰核施壓的作用點。本書初版內容中有一段特別貼切的描述：「這種出現在中國的象牙製品，上頭雕有雙龍戲珠的樣式（珍珠象徵精液）。使用時，珍珠會頂撞陰核，而龍身則把陰唇撐開，帶來搔癢感。整個陰莖環是由一條穿過該環的帶子，繞過雙腿，在陰囊後方交叉，順著臀縫往上纏繞在腰際固定。」

現今的果凍膠，解決了以往因為材質過硬所造成的不適感，有些甚至還裝設了按摩器。建議可以先採最基本的男上女下姿勢，讓震動點持續接觸，再進一步實驗不同的姿勢，男方可能得採用摩挲轉圈的動作，而不是一味地插入。

橡膠 Rubber

很多人為此著迷，它始終是戀物癖者的最愛，當然還包括其他的玩意。至於使用效果如何，端賴各自不同的質地。人造皮以其「緊繃、具有獨特氣味」獲得青睞，那股乳膠味尤其令人亢奮，聞起來好像在使用保險套似的。這種材質不易清洗，建議你用肥皂水來處理。而黑色似乎最受歡迎。

皮革 Leather

黑色皮革也許是所有皮類中最煽情的，看起來總是野性十足，令人生畏，也是SM遊戲中的首選，不管是主人或奴隸都愛用。

皮革
挑弄刺激的程度，男女皆然。

有些人雖然不喜歡綑綁遊戲，卻喜歡自己或伴侶被皮革包縛的感覺。當緊貼著皮膚時，皮革氣味跟性愛的氛圍非常搭調。與橡膠不同的是，穿上了皮革也不會被當作有怪癖。雖然如此，社會上評斷「穿什麼最性感」的標準仍然有失公準。

假如你的伴侶愛看你穿皮革，就請對方負責採買吧。如果味道與觸感都對了，女性受到皮革挑弄刺激的程度，與男性不分軒輊。

脫衣舞 Striptease

　　現代版的脫衣舞，約起源於1890年代的巴黎蒙馬特紅磨坊（Moulin Rouge）。其中一套表演是，女舞者為了找出身上的跳蚤而脫掉衣物。這類表演一度被視為是敗德且不合法的，如今已成為表演的常態。只不過，脫衣秀以及更加激情火辣的腿上艷舞，仍然被視為低格調的選擇，這可能是和表演者利用身體來賺錢的背後意義有關吧。

　　現今，欣賞脫衣舞的男女觀眾比例不相上下。八〇年代早期，開始出現猛男秀，1997年的好萊塢喜劇電影《脫線舞男》（The Full Monty），讓社會大眾更加了解這個行業。

　　如果你們想去看秀可以先一起前往，並約定好「我們現在就離開」的

暗號，事後再討論能不能接受下次一起或各自去看。表演的種類包括脫衣秀、鋼管舞、偷窺秀、私人包廂脫衣舞（天花板通常會裝設監視器）。

如果你想觸摸舞者，可以像告別單身派對一樣，預約一個舞者到府表演，跟朋友們起鬨玩樂，或者到有腿上豔舞秀的俱樂部，表演者可能會貼在你身上跳完一整首歌。

而新式挑逗豔舞（Burlesque）的特色，則是充滿世紀末頹廢且華麗的氛圍，搭配精心設計的歌舞，但可是嚴禁顧客動手觸摸舞者喔。

當愛侶想為對方表演脫衣秀時，挑逗豔舞是最容易模仿，也最優雅的表演，更是性愛前的最佳序曲，特別是當女方將它作為禮物送給男方時──這

脫衣舞
性愛前的最佳序曲。

便是「挑逗」的精髓所在。進行時，女方要抬頭挺胸，並藉由不斷在身體曲線上游走的雙手來導引「觀眾」的注意力，眼神別忘了要直視對方。

最基本的步驟是，女方先脫下絲襪，把腳抬放在椅子上，雙手交捧著胸罩調情半晌後，才秀出乳房，接著，將內褲慢慢從臀部褪至腳踝，然後走出內褲，將之踢至一旁。最後女方可以跨坐在椅子上，在禁止男方觸碰的情況下，性感且緩慢地撫弄自己的身軀，隨即跨坐到男方身上。

如果還想玩點狂野的，女方可用眼罩蒙住男方眼睛（參見「蒙眼」），告訴男方自己正在對他做什麼，偶爾加上一些輕輕的觸碰，讓他可以參與卻又不太確定，挑逗意味十足。女方應在自己完全裸體，準備好要讓男方興奮時，才將他的眼罩取下，或者等到完事後再取下眼罩。

變裝癖 Transvestitism

許多人有時喜歡互穿彼此的衣服，放手去玩吧，什麼理由都行：好奇、舒解壓力、想放任自己溫柔或狂野的一面、想主導一切或是想被寵愛。

在臥室裡，可以打扮得很美，玩得很瘋，但在公共場合，不管他偽裝得多好，還是瞞不了人的。所謂變裝癖者，係指一個人完全以天生的性別角色生活著，但在某些時候強烈偏愛穿上異性的衣物，藉此舒緩內在的焦慮（不是指這樣會帶來高潮）。會這麼做的人並不都是同性戀者，而一個雙性戀者為了討好伴侶，穿上異性的服飾，也未必是變裝癖。

另外，變裝癖者通常（但未必一定）是男性，因為感覺自己的性別被錯置了，於是想轉變成另一種性別，必要的話，會不惜動手術實現心願。

在一些較單純的社會中，有一些角色與儀式，可以讓這種變裝的慾求獲得釋放（巫師經常都是穿異性服裝）。但在我們社會中，變裝卻會引起相當的焦慮。

變裝癖者的伴侶如果能了解他的需要，且心無畏懼，將發現不管其成因為何，都不至於妨害他在性生活裡作為一個男性的角色。假若他一直藏著祕密，怕她知道了會以為他是同性戀或怪胎，那他才真會杯弓蛇影，搞出毛病。

變性者都需要專家的協助，即使變性之後，也不一定能保證過得比從前快樂。如果人們明白，當這些變裝癖者經過身邊時，其實沒什麼好驚恐的，就可避免許多不愉快了。假如你的伴侶有這類困擾，請以了解的心情對待他們，並陪同尋求專業的幫助。

冰與火 Ice and Fire

　　人們大概到最後才會把冰跟性聯想在一起，事實上，許多人用它來製造皮膚的刺激效果。有一本性愛書籍建議，在快要高潮時，女性應該猛抓一把碎冰，朝伴侶的背部抹去。也有些人用冰塊在伴侶身上跳華爾滋，包含了腳底心，或互相在肚臍附近「溜冰」調情。

　　這一點也不稀奇，冰，本來就會刺激皮膚反應。如果你們想嘗試，放手去吧。放心，你才不會因為小小的冰塊而感冒。

　　但不要用那種特冰的冰塊，更別用乾冰，免得黏在皮膚上，像火烙一般。你也可以在手肘上先試試看，務必當心，否則可能會被嚇到。也別把冰塊放置在任何敏感的孔口中，基於安全考量，輕輕碰一下就夠了。

　　使用火則要更加小心，情趣專用的低溫蠟燭可以舉到任何身體部位上面要弄，不用擔心燒到毛髮或被滴下的蠟油燙傷。你也可以調整蠟燭舉放的高度，控制蠟油滴下來的溫度。容我再提醒一次，一定要測過試過後才能使用。

　　冰火交替使用，能活化兩組不同的神經末稍，讓全身肌膚都變得很敏感。你也可以試試將一根假陽具放進熱水中，另一根放入冰水中，然後輪流使用。

身體彩繪 Body Paints

　　這也許是最古老的藝術形式，傳統是用在增添情趣，但當裸體觀念解放後，便在西方世界開始流行起來，剛好也是本書初版完成之際。1992年的《浮華世界》雜誌封面，就是女星戴咪‧摩兒裸體穿著彩繪的男性西服。

　　你可以用聖誕節或情人節巧克力（另有水果口味）來玩，這是最方便使用跟善後的。在地板上鋪上浴巾，然後裸身，用手指在彼此身上塗抹巧克力，用舌頭舔食，然後繼續遊戲。

　　給孩子玩的身體彩繪道具用途很廣，可以真的拿來畫畫。使用前，先在局部試用，看會不會有過敏現象，記得避開眼睛和傷口，不管有多誘人，都別用在身體的開口處。只要避開上述部位，就可以盡情地揮灑了：你可以直接將顏料滴灑在身上，或使用彩繪手套、刷子輕刷乳頭和陰囊，也可以寫下你的名字，勾畫個兩顆心，喜歡的話，還能在伴侶的背上畫幅世界名畫呢。

　　如果你是被畫的那一方，躺著別動，好好享受自己成為對方注意的焦

點，以及全身的感受吧。畫完後，站在鏡子前，如果你背上也有畫時，可以站在兩面鏡子中間，先彼此欣賞、拍照，再一起淋浴。這種感覺挺好的，不但有助於你自己放鬆，也能當作性愛前的開胃菜，或者，純粹是為了好玩也不錯。性愛，不就是成人的遊戲嗎？

手套和指套 Skin Gloves and Thimbles

這是伴侶們用來互相性感按摩的手套或單隻指套，布料的材質有各種軟硬度可供選擇。只要選對了刺毛的質感，再佐以按摩的手法，就能創造從柔和舒爽到摩擦刺激的不同觸感（參見「蜘蛛腳」）。

挑情裝置 Ticklers

最會利用各類小道具增加陽具觸感的，首推日本。從許多旅人手札可以發現，大部分此類輔助用具都是女人要求男人使用的，而男人往往也很樂於取悅她們，例如，婆羅洲的卡揚族（Kayans）男人，喜歡在龜頭上穿孔並掛上物品。或是蘇門答臘人（Sumatrans），他們會將小卵石植入陰莖表皮。

在一些地區，這類玩意都是外用的。最常見的是一個環狀物，套在龜頭的冠狀溝處，性交時能增強對女性陰部的刺激。若是由羽毛製成，就叫做「Malaya」（譯注10），若用羊眼圈的那層皮，則叫做「Patagonia」（譯注11），也有的外圈是用細小的毛刷。這些東西如今都存放在博物館內，或許有人會質疑幹嘛要戴這些怪里怪氣的玩意？但很奇怪，在性交時它們就紛紛出籠了。不過，幾乎戴起來都不很舒服，不是會夾到毛髮，就是被勾纏住而造成疼痛。

現今，雖然有某些人會在龜頭上打洞穿環，一般人還是使用有特殊質感的陰莖增大套，它有各種尺寸和外型，目的在增加陽具與陰道壁之間的摩擦；這些東西明明是要用來取悅女人的，卻沒聽說有哪些女人是真的喜歡。至於那種套在龜頭冠狀處的小玩意，或許會引起劇烈的痛楚，不過至少能讓你嘗鮮一下。

遊戲 Games

性愛，不需要理由。但如果你真的需要，而且必須被推一把才敢跨出去（包括某些你從來不敢嘗試的事，或是某些你從不敢跟他試試看的人），

那麼，性愛遊戲就有很多可以談的，因為有許多一定得遵守的遊戲規則能消除你的疑慮。遊戲的結果很兩極，若非妙不可言，就是災難一場——大多數情形只是為了好玩而已，但千萬不要和陌生人嘗試，也別在飲酒過量的狀況下進行。

最經典的一種，就是戴上眼罩玩抓人的遊戲，拘謹的維多利亞時代的女性，便是藉由蒙眼抓人的遊戲，得以彼此觸碰。在大房子裡玩捉迷藏，能讓彼此有更親密的接觸，還是個讓青春期前的孩子們認識身體的好機會。脫衣撲克在以前是成人獨享的玩樂，現在則成了很受歡迎的紙牌遊戲，就算沒有撲克老千的高超牌技，也能達到同樣的結果，從情侶間的脫衣調情，到團體的脫衣團康都有。

有助於你們更互相了解的問答遊戲——像是坦承自己過去的情史等瑣碎問題——跟有助於導向性愛的遊戲，兩者差異甚鉅。重點是，在你們開始玩之前，就應該對所有可能發生的情況有心理準備。

和伴侶一起玩，不管結果變得多掃興，總是能讓你了解對方的底限在哪，這對你們未來的關係是很有幫助的；和朋友們一起玩，則能深化友誼，或化解誤會。不管如何，挑戰自我極限做點改變是好的，但可別玩過了頭，讓彼此隔天醒來懊惱憤恨不已。

如果你沒有遊戲的點子，或是臨時得想出個遊戲，可以發給每位玩伴六個小東西（例如花生、糖果、迴紋針）。當每位玩伴回答完一個尖銳的問題，或表演完某個指定的動作後，他或她可以向其他人拿取一件東西，最後收集到最多者為贏家。遊戲的尺度盡可能開放，進行的節奏可能會比必須擲骰子、計分、翻牌等規則繁複的紙上遊戲還快。

面具 Masks

面具能讓許多人情緒高昂。或許你覺得這有點怪異，可別忘了這是人類製造神祕、刺激性愛靈感最古老的方法，與其說它藉著轉換身體意象來嚇人，不如說它是企圖讓穿戴者散發更具驚悚的魔力。譬如，市面上有一種奇形怪狀的頭罩，就是在加強這個轉換效果。我們發現一旦頭顱換了個樣，更能挑起興奮感。

把女性的內褲套在男人頭上當面具，是行之有年的調情戲法，能在不同的場合中發揮用處。（參見「衣物」）不過，可別為了好玩而將塑膠袋隨便往頭上罩，以免阻礙呼吸發生意外。

戀物癖 Fetishes

有些人除了伴侶外，還需要其他東西才能達到全然的性滿足，或者只需要這些東西，連性伴侶都省了，這就是戀物癖。證據顯示，戀物癖人口以男性居多，並以具體的實物為主。女性戀物癖者則偏向安全感、恐懼、環境之細微差別等抽象的事物上。

對象物可以是任何東西，萌芽中的初期戀物癖幾乎存在於每個人心中，所達成的滿足感，既是一種藝術，也是一份愛的功能。許多人遇到有特殊髮色或髮長的伴侶就特別有反應，這是很常見的現象，大家也都能接受這一類的戀物。

其次，是特殊類型的服裝，比方說，男人覺得女人穿上絲襪、高跟鞋或戴上耳環會特別有吸引力；或者是男人穿上西裝、皮夾克，就會令女人難以抗拒。凡此種種，皆是運用任何能激起性慾的事物，來達到最大的滿足感。

為什麼我們會產生這樣的聯結，即使經過幾十年的研究，原因仍然不明。有可能是因為直接學習到的結果，例如，童年時期性衝動時，身邊剛好出現某些物品，因此產生聯結。最近，神經科學家也開始探究這個領域：大腦中處理腳部意象的區域，就位於處理性愛的區域旁邊；或許，戀鞋癖只是因為小時候跌倒時看見很多鞋子罷了。

當事人若深陷其中，可能會變成購物狂（例如高跟鞋，不只是女人有血拼鞋子的焦慮）。如果它使你慾望激增，卻讓你的伴侶卻步；或這種需求變得越來越強列，終於非喊暫停不可，這一切就都變成問題。一般的性愛遊戲，若真想玩戀物癖，只要雙方溝通良好，大概都不難實現，也可以幫助彼此真正了解對方的偏好。但注意力必須放在彼此的關係上、而非助興的物品上：你們倆都需要知道自己在對方心中的位置。

談到這裡，順便談談何謂「正常」吧。有一些性行為很明顯是怪異的，會侷限興奮的範圍。例如，一個只能在倒滿義大利麵條的浴缸中興奮的男人，他就是喜愛這調調，除非這個行為構成犯罪，不然現在的心理醫師不會問「這樣正常嗎？」，而是去探究「為何非要這些條件才能興奮？」以及「這種行為是否有礙他的健全人格？社會能容忍嗎？」然而，「正常」的標準一直在改變，本書初版內容中談到的一些怪異行為，現在大多已是性愛遊戲中司空見慣的活動了，而現代人對正常的定義，或遵循正常行為，也都不那麼在乎了。

　　不過，「正常」還是可以用來當作性愛的準則，界定你們性愛的模樣。性愛應該是兩個相愛的人讓彼此完全滿足的聯結：沒有焦慮，相互回饋，並且享受彼此的存在。這個定義對每個人的性愛需求來說，可能略有出入，但你們可以輪流迎合伴侶的需要，來彌補其中的落差。

　　非要講「正常」的話，任何符合以下條件的，都屬正常：你們雙方都樂在其中；沒傷害到他人；不會造成焦慮；不會降低你們的性愛頻率。

　　在這方面，如同珍·奧斯汀所說：「這世上有一半的人不能理解另一半人的快樂。」但是我們不得不說，這並不表示任何一邊的快樂是錯誤的。在網路上有許多戀物癖者的專屬網站，種類之多，數量之眾，讓你想都想不到。

　　然而，選擇一位性癖好與自己不同的伴侶，仍非明智之舉，這有可能是導致後來分手的原因。可別天真地以為愛能治療伴侶的某種性癖好，別傻了；但當他們有了你的愛和了解，加上專家的協助，至少生活會變得容易一些。

　　假如你有這方面的問題，可以先檢視這些狀況是否對你造成焦慮，也對性愛造成干擾，而你們雙方應該設法面對，不要互相指責或害怕。必要的話，還是得尋求專家協助（參見「參考資料」）。

設備 Equipment

　　奧地利的體操教練厄倫（Van Der Weck Erlen）寫過一本書，列出人類五百多種性交姿勢，並建議使用體操用的墊子和鞦韆等設備，以增進性愛情趣。

　　把鏡子、發出紅色光暈的燈、黑色的裝備結合使用，來蒸發情慾的熱力，很對某些人的胃口。在比佛利山上有一些三○年代的皇宮式建築，就有這種風格。

　　新戀人更有可能選擇這種具有異國情調的做愛方式，可以是在屋內的每個房間做愛，或在廚房，或讓女方坐在正在脫水階段的洗衣機上，或在樓梯上。即便熱情減退後，大多數人仍是喜歡回到臥房做愛，但結果不見得會很無趣。

　　床的部分我們在別的章節中談過（參見「床」）。不過體操墊這主意還真不賴，在厚地毯（或織毯）上也很好，因為有寬敞的空間能翻滾。如果不是鋪滿整個房間，只用一塊毯子亦可。有些人偏愛用凳子來協助往前趴

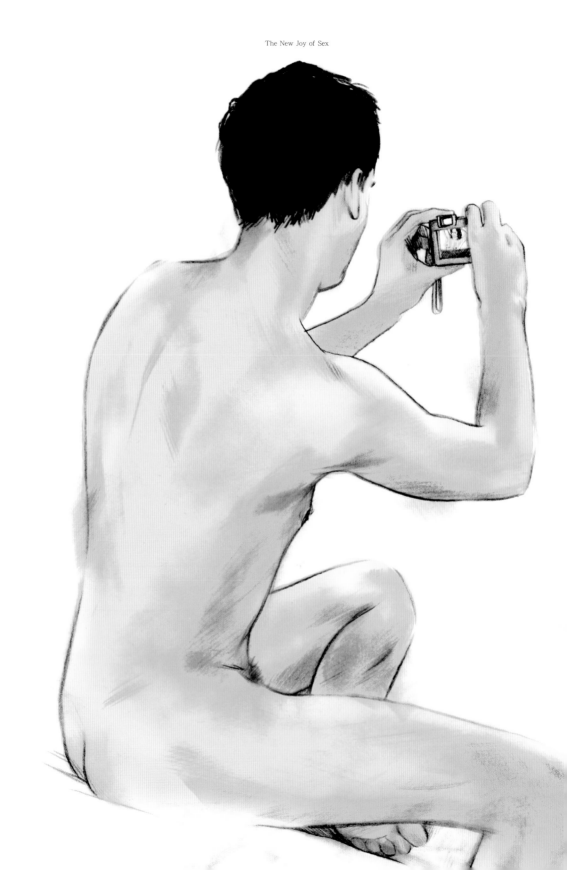

裝備
為美妙的性愛打造一個舒適的空間吧！

下的性交姿勢。要想變化多種姿勢，不妨借重一堆厚方墊，否則只靠床上那兩個枕頭，往往很難用，墊子還是比較適合地板動作。

在性交時使用的椅子，以那種布面的無扶手款式為上選。如果你們打算利用椅子來綁人，就要注意它的高度與操作的便利性。假如單純做性交之用，那最好是全部有布面覆蓋著。再不然，乾脆準備二張椅子。一般的旅館除了沒有那種為體貼客人性交而準備的椅子外，隔局都還不錯，適合玩各種花樣。

如果你想加點料，那就得看看你想要的是什麼。熱中特技情趣的人，喜歡使用階梯椅，甚至是一個矮梯子。有人則喜歡坐在劇烈搖晃的椅子上（參見「搖椅」）。天花板上裝鏡子能帶來很多樂趣，但所費不貲，而且對害羞的人來說，可能會不太自在。在老式妓院中，會提供各種情趣的舞台，但可不是光擺在那兒，而是隨機搭湊給有特殊癖好者，或給一時「性」起的人玩。

現在的性愛家具網站上的產品很多，從輔助性交姿勢的簡單設備，到重口味的綁縛架都有。而這些產品的外觀設計，大多數看起來都像是一般的家具或現代藝術品，只要稍加組合調整，就能擁有情趣用途。

若想增加氣氛，可以點上蠟燭，或是昏黃的小燈，或是可調節亮度的燈光。也可以加上相機或錄影機（參見「情色作品」）。假如你要使用額外的道具，例如墊子、按摩棒、相機、潤滑液、繩索或丁字褲，確定它們就在手邊，別到緊要關頭才急忙翻找。若家裡有小孩，記得把這些道具收在上鎖的櫃子裡。還有，也同時備妥浴巾或餐巾紙，因為衛生紙弄濕後，會沾黏在皮膚上，清理很麻煩。

話又說回來，你也不一定非要這些玩意，才能有美妙的性愛。只要跟對的人，以理想的態度進行，就萬事OK了。

擁有一間私密的性愛房，好處是你可以在裡頭貼滿性愛圖片，而不至於嚇到來訪的客人，萬一阿姨上門了，也不會好奇地問你牆上的那些環狀物是做啥用的。差點忘了，幻燈片投影機能在白牆或天花板上製造出絕佳的效果。

如果你負擔得起，也熱情如火，為了營造情調，依照想像力來場燈光秀，當然是滿令人興奮的，但我們並不想讓你覺得非這樣做不可，就跟不一定需要擁有一套價格不斐的廚具，才煮得出一桌好菜的道理一樣。

搖椅 Rocking Chair

有人把它當成室內的鞦韆來用，不過實際上，兩者感覺很不一樣。搖椅比較像是在坐火車，缺乏鞦韆那種腹部突然下墜的加速感，那正是讓女性迷上的主因。

以病人專用的弧底型搖椅最佳，坐上之後，在粗造的地板上用力搖，感覺最棒。更好的情趣用搖椅，底部要有幾根板條支撐，靠背很紮實，兩邊沒有扶手。地面最好選石質，但缺點是會發出嘎嘎響，你若住在一樓就無所謂。

常見的坐姿為男女面對面相跨，但其餘姿勢也未嘗不可。

也有一種在坐墊上安裝強力電動按摩裝置的墊子，儘管感覺可能不太一樣，但似乎值得一試。

盪鞦韆 Swings

這玩意非常有效，能在情慾上加分。單是獨自盪鞦韆，許多女人就已經能體驗到高潮的滋味了。因為，沒有什麼比盪來盪去的加速感，更能製造骨盆間的壓力。

鞦韆有兩種，東方作家描寫的是懸掛在花園中的座椅型，它的加速感不太夠，卻可以提供有如在海浪中搖盪的感覺。對男人而言，女人的臀部得以連綿不絕地貼近；女人則是體驗到一種漂浮的快感，好似浮在一面超軟的墊子上。

真正高速晃盪的鞦韆最吸引女人，除非她很怕暈。操作之道，在於創造那種猛然下墜的俯衝感。每個女人終其一生，至少要體驗一次被伴侶插入後，兩人合盪鞦韆的快感。女性自個兒盪鞦韆時，若再把陰道球（參見「陰道球」）塞入陰戶，準會在體內產生整個抓狂的快感。

用在性交姿勢時，男方坐著，女方面對男方跨坐，由他控制鞦韆的擺盪，或者有第三者助陣（在古代是侍女）。理想的玩法應是跑到雲霄飛車上如法炮製，但我們尚未聽說有任何遊樂園允許你這麼做。

在花園中的鞦韆上，請留心女方，因為她的高潮來襲時，全身衝到最高點，如果你沒將她抓緊，她可能頭一黑，一不小心就會跌下去。

從鞦韆靜止時開始，男方先插入女方，再利用擺盪的每一次速度，增進插入時的快意。

玩笑與調戲 Jokes and Follies

那些守舊的老古板，一定不認為開玩笑與調戲可以是性愛的助興劑。而最好的笑話，便是人們回過頭取笑這些不解風情的老古板。優質的愛人之間，應有雅量可以互開玩笑，這也是心理上的健康行為，就像彼此流露的溫柔。因為開玩笑具有挑釁的危險，有如在怪異的地方，或趁他人不注意偷偷摸摸做愛般，的確過癮又吸引人。

這聽起來是很孩子氣，但如果你還不懂得在做愛時加點孩子氣，就趁早回家閉門學習，因為它很重要。

不過，千萬不要拋出爛笑話，或弄巧成拙。假如你們能在餐廳裡，或阿姨家裡的餐桌上搞起來，事後成了彼此說笑的題材，倒無傷大雅。但你們若是功敗垂成，彼此事後還能做朋友，也算你走運。

大部分的伴侶，都是一個偏愛冒險，另一個較為謹慎，而雙方以達成某種共識作平衡，通常是藉由那位謹慎者的拿捏，才免於讓彼此陷入荒誕可笑的情境中。所有他們能做的，就剩下中間那段——也就是那些真正去做，顯得太蠢，但錯過了又可惜的事。

惡作劇除外，做愛時分享的笑聲，其實是衡量你們的愛經營得好或不好的指標，檢驗你們溝通是否進入狀況。如果你們合格了，那笑聲將永不停歇，因為性愛本來就充滿了趣味。反之，如果你們經營不佳，溝通也沒進入狀況，那可能常以打耳光、淚水收場，或毫無高潮可言。

當事情進行得很順利，笑意就與整體氣氛融合了，甚至，有時連嘲笑都能表現出熱情呢。故意在不尋常的情況下做愛，可以很好玩，就像在開玩笑。譬如，帶著伴侶（通常是女性）不穿內褲參加社交場合，或某些怪異的打扮，如一襲長外套底下空空如也。這種遊戲雖有風險，但也挺刺激，難怪有些伴侶熱中此道。

雖然有風險，假如你真的寡人有「癖」，不妨一試，但要確定她也很享受。除非她硬要吃重口味，不然這種「沒穿內褲」的「小意思」，對一般女性已經夠嗆了。

玩笑與調戲
笑聲，是衡量你們的愛經營得好或不好的指標。

鏡子 Mirrors

　　鏡子向來是很重要的性愛道具。透過鏡子，既可以保有隱私，又能把性愛變成視覺秀，還能讓動作都做到定位。

　　鏡子也能提供你觀賞自己的機會——男人不必停下來，就能目睹自己堅挺的雄姿，和抽送的動作；女人或許也會陶醉於觀看自己的胴體、手淫、被綁縛的姿態，或任何花樣。雙方既可當主角，又能享受當觀眾的趣味。

　　相反地，那些不好此道的人，認為鏡子破壞了整體環境，打破「不准有觀眾」的規則。他們還是比較喜歡放手去全然地感受，而不想覺得自己是跟另一對雙胞胎待在子宮裡。

　　還有，有些女性裸身站在鏡子前時，內心可能會產生掙扎的不安全感，覺得自己的身材不如女明星那樣出色；但是你可別忘了，那些大明星的性感照，全都是經過打光和電腦處理過的。要消除她疑慮的最好方法，就是真正的喜愛她的身體，並為之著迷。

　　假若你從未在大鏡子前做愛，不妨一試。不過可能需要多準備一兩面鏡子，才不必為了想看清楚，兩個人一直忙著調整方向。

　　這絕對值得嘗試，不僅為了窺視的情趣，也能讓你明白自己在做愛時，看起來一點也不可笑。除非你想讓訪客到處八卦，不然就使用那種裝在衣櫃門板後的鏡子，或是可以收折的立鏡。大部分的伴侶應該不想讓這些東西太公開，以免難堪。

　　有些舊妓院的房間，裝有上百面鏡子。先不講花費，你是不是真的喜歡，還不一定。因為，一百對伴侶動作一致的性愛畫面，或許會使你血脈賁張，但也有可能讓你覺得自己是莫斯科紅場上的閱兵，或是羅馬時代流行的「大鍋炒」呢。

　　性，不應該讓人覺得像在研讀無趣的家具組裝說明書。只要認真投入，就會變得自然、吸引人、自覺漂亮，即便你不是俊男美女。

　　可惜那種「用感覺去做，比用眼睛去看還要美好」的時代，我們似乎還無法企及。

鏡子
把性愛帶入一個視覺的場景，
卻不用失去隱私。

火車、船、飛機 Trains, Boats, Planes

火車，是老式而受人偏愛的另類性愛場所；但現代的開放式車廂，可能就不太適合了，唯一的例外是，只有你和伴侶同寢的臥舖車廂。不知道是火車提供的律動、衝速，還是情慾的催化，據稱巴黎與維也納的妓院，會在火車的效果、聲響、震動伴隨下，把整節車廂當作臨時營業場所。

既然可能是愛上它的動感迷人，搭乘時就要挑選硬一點的座椅，或路途比較曲折的路段，可以一下疾駛，一下猛煞，情趣橫生。假如真有「緊急事故」，還可以直接殺到車廂內的洗手間去解決。

目前較普遍的情況，是在飛機上的洗手間做愛，又稱為「空中高潮俱樂部」（Mile high club），創辦人是勞倫斯‧史培瑞（Laurence Sperry）。發明飛機自動駕駛系統的史培瑞，有一次因為飛機緊急迫降在水上，和一位女乘客出水獲救時皆為裸體，讓媒體寫下「空中激情，落水收場」的標題。之所以會想在飛機上做愛的原因，可能包括機體的自然震動，或機艙內較低的氣壓能增加高潮強度，或者純粹是為了刺激。如果你們真的慾火焚身，又不想到洗手間去，那麼，一條遮蔽用的毯子、一組體貼的空服員、一雙熱情遊走的手，就能創造神奇。

而在船隻上，雖然搖搖晃晃的，卻充滿無限可能。如果是大型船艦，你們可以到私人艙房解決，若是小船，則可以航行至偏遠地點。

車震 Cars

汽車這是我們心中最理想、最動感的場所，簡直是「雙人床配上一台外掛的電動馬達」。美國製造的大型汽車就很適宜，空間大到可以躺平，連後座也不例外。而且，不必只侷限在摳摳摸摸的小動作上。

最經典的車震姿勢，是女方躺在後座，男方蹲在她兩腿間；或彼此都坐著，她的腿則勾上他的腰部，這可是包法利夫人在二輪小馬車上發明的。

不過所有的車子不管用來愛撫或做愛，都很容易被瞧見。最好有一對強力的車頭燈，可以讓警察或閒雜人等一時眼花，讓你們在對方視線望進來前，來得及穿上衣服。喜歡露天情調的人，選擇屏障越少的地點，安全性越高，譬如法國十八世紀的涼亭，因為四周空曠，就不會發生有人走近了，你卻還不知情的狀況。

假如你喜歡時常品嘗簡中滋味，不如去買小廂型車，或那種有充足馬力，被稱做「通姦貨車」的迷你露營車。在這種車子內脫光衣服，總是令

人安心許多。

最好的安排應該是四人行，當一對情侶在親熱時，另一對就負責開車，或老實地坐在前座作掩飾。坐在駕駛座，與副駕駛座的人互相愛撫、自慰，每公里都像是為了追求高潮而奔馳著，這是許多人的性幻想，但安全實在堪慮。

當車子停駛時，安全帶還可以拿來助興，將對方綁住，慢慢地「折磨」他。

戶外 Open Air

擁有溫暖夏季的國家好處可不少，但在以下國家可能正好相反：在英國要想品嘗戶外「全餐」，你必須先有防霧除霜的設備，以及自備花園；而在愛爾蘭或西班牙也有不同的限制，西班牙夠熱了吧，但當地享受戶外之樂竟然需要「教士的允許」。

以此觀點衡量，美國大部分地區應該很慶幸了。而歐洲那些圍牆或籬笆砌成的庭園，也很符合我們的標準。

野外通常都有擾人的玩意，包括螞蟻、蚊子、蛇，以及巡邏的警察。而就場地來說，沙丘應該是最好的地點，既能提供屏障，也可保暖，更不會有一堆叮人的飛蟲。修剪整理過的草坪也是不錯的選擇，但如果你們要脫衣，最安全的地點是樹叢裡，你們可以由裡往外看，別人從外面卻看不進來。

歐洲人向來居住在擁擠的地帶，所以練就了迅速穿脫衣服的本領，也懂得善用像青年旅社、遊樂園等措施。

有這麼多地點可以挑選，應該沒問題了吧。不過，假如你真的想冒險，務必先勘查好開溜的小路，以及隨時保持警戒。被撞見的危險，雖然令許多人亢奮，但也會使不少人當場「熄火」。

那些一樂起來就昏了頭，三兩下脫個精光，或把對方綁在樹幹上的人，最好挑選偏遠的區域，或有圍牆的庭院。

你在倫敦海德公園從事的安全勾當，換到了紐約中央公園，不見得行得通。到世界各地旅遊，罩子可得放亮一點，天主教國家比基督教國家保守，任何可能冒犯當地習俗的行為，可不是鬧著玩的。

在東方國家，夜裡的屋頂露台是標準場地，可以一兼二顧，做愛順便看風景。

戶外
一樂起來就昏了頭的人，最好挑選偏遠的地點。

遙控 Remote Control

你把大拇指滑進拳頭裡，或放入雙唇間，然後漫不經心地推進、送出，光是這樣做，竟可以輕易地引誘到菜鳥，很怪吧！我們倒很樂意看到有人這麼做，而那些曾被我們看見這麼做的人，對自己的動作心知肚明。

將拇指放入唇間的手勢，似乎比較管用。女人也可以對男人做出同樣的動作，譬如在吃東西時下手。一旦習慣了這些遙控工具，大多數的女人和一些男人都能變成「遙控型動物」，在遠離桌子的地方、聚會場合的另一端、舞廳的對面包廂，乖乖地配合著興奮、勃起，甚至高潮，即使對方只是搔搔耳垂。

就我們所知，這招用得最有趣的例子，是一位女士跟陌生男子在舞池中共舞，男子一直意識到有人往這邊瞧，還以為自己被同志看上眼了。結果，那位坐在遠處瞧的男人，其實是那女士的男友。顯然，有人自作多情了。

在早期電影《上空英雌》（Barbarella）出現過的「享樂機」和《傻瓜大鬧科學城》（Sleeper）裡的「高潮加速器」，這類更像搖控工具的高科技產品，如今已成為事實，現代人可以透過手機啟動按摩器、透過網路控制情趣玩具。一想到許多正在進行遠距離親密關係的人們，遙控工具的開發可能才剛開始呢。

窺視 Voyeurs

這個詞條是保留給某些人，他們認為性愛不見得要下場去玩，而是一種用眼睛觀察的運動。任何一位積極的玩家都有共同經驗，很喜歡有人觀看他參與的遊戲，玩者因此奮力表現，好更有看頭。

真正的伴侶在親熱時，十分賞心悅目，至於那些表情乏味、勃起半硬不軟的色情影片，就不必費心去看了。真人演出的床戲，就像天空的鳥、田野的獸在交配時一樣有趣，也極富教育性。如果你有機會窺視別人做愛，就盡量看吧，除非這會破壞你對隱私權的界定。

不過，現今要觀摩到真正伴侶的性愛實況並不常見，因為我們通常會關起門來做。話說回來，現在有了網路，這扇緊閉的門又再度開啟，這些激情的畫面在「真槍實彈」性愛網站上都看得到。另外，在一些半開放的公共場所，也有機會撞見激情的情侶正在「辦事」呢。

為了顧及個人隱私與社會觀感，關起門來做確實有其必要。我們這個社

會因為沒有「做愛時找對的人一起作伴」的風氣，相對的也損失不少好處。如果能這麼做，就用不著那麼多性愛書籍了，大家互相觀摩就好。

情色作品 Erotica

在本書的最初版本，這個詞原本是「色情文學」（porno-graphy），且有這樣的開場白：「這個詞，是指任何與性有關，卻遭人們試圖禁止的文學。」顯然，時代已經變了，本書在1972年是被查禁的色情作品，現在則被稱為「情色作品」（erotica），而且從書店書架的最上層移到了中間層。全球的性愛產業中，情色作品在2006年就有970億美金的市場，是微軟業積的兩倍，而且目標族群含括了男女兩性。

如果閱讀情色作品，會讓伴侶的其中一方失去自信、受到忽視，就必須正視這個問題了，不過近來的研究發現，沉迷於情色文學通常是沮喪的象徵，因此沉迷的一方需要接受治療，而不是離婚。要是伴侶下了班後，沒力氣跟你聊天，卻可以關起門花六個小時上網，那你們就得好好溝通一下了，以找出對方心中的壓力來源，為何覺得上網比愛或生活更有吸引力？

對各種性行為加以描寫，都是為了幫助讀者勾勒出視覺感，本書所附的插圖，便是要增進讀者的理解。伴侶們在架構自己的性行為時，也可以借重一些成分良好的情色文學，也就是，描述出能落實、被接受、令人愉悅的性愛動作，或是自己雖無法實現，卻能挑逗情慾的故事，這不也是一般文學的功能嗎？

多數的人認為，性愛類書籍確實能助燃情慾，在床上就好好利用它們吧。女人說：「不要將情色作品視為敵人，應將它視為盟友；讓它成為你行為的一部分，則更可能證明你們的關係並不會為它所掌握。」

不過首先，選擇你的情色作品。一般人認為只有男人才愛看情色書籍，這是錯誤的觀念。只要描寫細膩、感情豐富、不是只有男性觀點，女人一樣會喜愛。

還有請記得，許多情色作品會把一切都講得太過理想化，所以常造成愛侶雙方的自卑情結。記得在選擇時要同時兼顧自我尊重與性興奮，如果只有性興奮，也不可能在市場上存活太久。

這裡是一些推薦的經典作品：古老觀點的《印度愛經》（Kama Sutra）和《波斯愛經：芬芳花園》（The Perfumed Garden）；持現代觀點的南西·弗萊德（Nancy Friday）寫的《女人的秘密花園》（My Secret Garden）；

情色作品
只要描寫細膩、感情豐富、不是只有
男性觀點，女人一樣會喜愛。

安娜伊絲‧琳（Anais Nin）的《維納斯的三角洲》（Delta of Venus）；還有寶琳‧雷雅吉（Pauline Reage）所著，較為挑戰傳統的《O孃》（Story of O）。至於影片方面，主流電影中的性愛場景比起小電影中的粗野更有挑逗效果（至少對女性而言），例如《第六感追緝令》中，莎朗‧史東騎在麥克‧道格拉斯身上的那一幕，或是茱莉‧克莉斯蒂（Julie Christie）和唐諾‧蘇德蘭（Donald Sutherland）在《威尼斯癡魂》（Don't Look Now）中的性愛場景。一定會有你偏好的作品類型。

當然你可以創造自己的情色作品，在隱密的兩人世界中表達出自己的綺想。如果要動用到相機或攝影機，那麼，如果女主角（甚至加上男主角）可以上點妝，並在動作之外還加上燈光，會讓鏡頭下的你們更好看。（同時也要確保所有檔案都只有一份共同保管的拷貝，如果兩人分手，也能一起銷毀這些檔案。）

許多知名作家與藝術家，例如雕塑家羅丹，都曾創作過情色故事，即便那些作品未必出版上市，或者不是用他們的真名發表。當你無法或不希望將一件事真的執行出來時，這就是一種替代的方式，就當做無法實現的遊戲和夢想的補償吧。如果你想不出來該寫些什麼，先從描述你和愛侶曾有過，或渴望擁有的做愛情景開始吧（參見「性幻想」）。

情趣用品店 Sex Shops

就和「色情作品」一樣，情趣用品店近年來也經歷許多劇烈的重整變化。一度被視為不道德，只能隱身後巷的這些商店，現今在許多高檔名店街都看得見了，連網站上的搜尋聯結都有很高的人氣。

網站販售情趣用品成了絕對標準，但商家的素質就參差不齊了。一家好的線上商店會提供完整的產品資訊、服務電話以及線上客服，此外，有的還會舉辦性愛工作坊，或提供正確的性教育與醫療資訊。即使如此，使用情趣商品還是小心為妙，如果產品介紹聽起來好得太誇張，通常都不值得採信。

目前沒有任何神奇藥水能讓胸部或陽具的尺寸變大，也沒有任何道具能保證勃起或高潮，如果有，肯定會上新聞頭條。另外，那種會加深錯誤刻板印象的情趣用品店，根本不值得你光顧，例如，大談男人永遠能隨時應戰，或是女人要對能被寵幸心存感激。這些都是不好的觀念。

先上網瀏覽吧，那些位於高檔名店街的情趣用品店都有自己的網站，

找出不只是販售你想要的產品，也符合你的性愛觀點的網站，以及作為顧客，你希望被看待的方式。先打電話看看他們的銷售原則、服務態度是不是良好又有效率。

你也可以和伴侶一起去逛情趣用品店，店內通常會有試用品供顧客把玩，親身試用才會知道自己適合哪些產品。你們或許會覺得害羞，但真說的，銷售人員看多了，而且他們為了衝業績，很懂得處理顧客的尷尬情緒。如果他們的態度太積極強硬，只要簡單的請他們稍候一會，告訴他如果你需要建議，會再詢問他們。花些時間慢慢看，多發問，動手玩玩看，這樣遠比鬼鬼祟祟地殺進去亂買一通好太多了。

勃起持久套 Les Anneaux

這是法文中用來描述「維持勃起」較為貼切的用字。基本上，指的就是幫助陽具保持堅挺的東西。當它們發揮效能時，確實會使高潮過後半軟半硬的陽具重振雄風，提升做愛品質。它會輕輕箍住陽具根部，使血液能進不能出，維持勃起。

中國人和日本人還喜歡用細皮帶將整支陽具或陽具根部綁起來。日本人偏愛將一種鏤空雕花的短筒套在陽具上，緊束的根部會形成一股壓迫力，增強摩擦效果。

現今，一般則是用橡膠或果凍膠製品，套在陽具根部。有些款式配有能順便刺激陰蒂的突出物，以輔助男性抽插時能頂撞到陰蒂，或是有刺激睪丸、會陰、肛門的裝置。你也可以加上震動器，有沒有遙控器都沒差。但沒有什麼小玩意能為勃起掛保證，若本來就有陽痿焦慮的男性，更是發揮不了作用。

有一種產品叫做「布拉寇環」（譯注12），能同時圈住陽具與睪丸的根部（有打開與緊扣的裝置），可以維持差強人意的勃起程度，即撐起男性門面。為了確保堅挺，那個環必須同時繞過陽具與陰囊的根部，有些情侶們只是用一條細繩簡單綑綁，利用這門「綁老二」的技術，壓縮陽具根部，與陰囊分離，把那話兒拉撐得直挺挺，而那股拉力便像是源源不絕的吸力，會增加陽具敏感度。只不過使用時要小心，別綁得太緊或太久而受傷（二十分鐘都嫌太長），更不要綁著睡。

如果男方有血液循環或神經方面的問題，或是有糖尿病、正在服用任何抗凝血藥物，或包括阿斯匹靈在內的血液稀釋劑，千萬別嘗試此法。金屬

環狀物是醫院門診的常客，常有人下體被卡住，不得不去求診。曾有一位男子想戴著它去和女友幽會，但在通過機場的金屬探測器時，警鈴大作，他只好跟警衛胡謅是為了宗教信仰而戴。

真空吸引器 Inflators

這種陽具幫浦原本是醫學上用來解決男性不舉的解藥，在「藍色小藥丸」或其他類似藥物都幫不上忙的情況下，醫生仍然會開這種「藥」。但在情趣用品店，這些用具卻變成性愛玩具在賣，還被業者不實地誇大功效，可別相信那些號稱能增大尺寸的廣告詞。過度使用也有可能造成傷害，千萬要小心溫柔，遵照說明書的指示，並且確定你買的那一款有真空值限制器。

性愛作家們可能會妙筆生花寫出各種家電用品的情趣功能，但你可別真的拿吸塵器來玩。有個知名的悲慘案例是，有人把車庫內的輪胎充氣幫浦塞進肛門打氣，結果造成小腸破裂。陽具被吸塵器弄傷的事件，更是時常耳聞，即使送醫治療，後遺症還是不少呢。

陽具增大套 Penis Extensions

這是綁套於陽具上，使其看起來變粗變大的產品。我必須再三提醒，陽具尺寸和性交快感並無關聯，即便在心理上，大陽具或許比較有視覺刺激感（參見「尺寸」）。尤其那種硬邦邦的超大型增大套，可能會讓陰部受傷，可得小心使用，它們之所以受歡迎，只是為了吹噓男性雄風罷了，就像有的男人在胸口貼假胸毛裝陽剛一樣。

凱拉薩式 Karezza

這是由一位十九世紀的婦科先趨艾莉絲·史塔克罕（Alice Stockham，譯注13）所倡導的性慾處理方式——即持續不斷地做愛，並且控制男人的高潮。

她既不是為了治療早洩問題而提倡這種方法，也不是為了阻止男性高潮，而是鼓勵長時間的做愛，以及愛侶應該更細心溫柔地對待彼此。這種方式是為了挽救失敗的婚姻及女男不平等而發展的，不鼓勵男方只是單純的抽插而射精，反而是雙方應該有長時間的愛撫休息，凱拉薩一字的意思就是「愛撫」。.

不要和古老譚崔——道教理論中談的鎖精——混淆了，該理論將男性的精液視為心神的精華，當男人與女人性交時，應該小心翼翼將他的「原汁」珍藏不洩。因為每射一次精，就會消耗寶貴的元氣。

許多性愛瑜伽為了這個目的，特地設計了種種肢體不易動彈的姿勢，當男性依照這些教條練習，做到守「精」不出的同時，即使本身僅有一次或甚至沒有高潮，也能讓女性享受到數次高潮。精通瑜伽的行者還能鍛鍊出「往體內射精」的法門，這是一種讓精液倒流回膀胱與尿液合流的技巧。有時，這套技巧會變成一種生理阻礙，但既然學會了，也很難說忘就忘。它解釋了為何在印度精心設計的多數姿勢中，男性的性滿足感都很低。

如果你想將性交當成是一種冥想的技巧，大可以實驗嘗試一番，但千萬請避開不射精的練習。

介於史塔克罕和神祕主義之間的，是倡導男性藉由克制射精達到長時間做愛的奧奈達公社（Oneida，譯注14），這種方法同時能降低受孕機會，但並不可靠，因為即使不射精，還是有精液會成為「漏網之魚」。據說，從前有一位特立獨行的法國牧師，在梵蒂岡教廷還在猶豫該不該禁止避孕時，就曾積極遊說推動這項技巧，名為「還精」（coitus reservatus），但最後還是失敗。他提出，必須完全限制男人的動作，只准許女性在體內「做工」，男人頂多適度截個幾下，維持陽具的硬度即可，當感覺要射精時，便要趕快停止任何動作。

若要增進伴侶間的親密聯結，偶爾可以試著延長雙方享樂的時間，好好玩個幾回合，先採用基本的史塔克罕方法，溫柔緩慢地做愛，過程中穿插短暫的休息；當雙方達到高潮時（參見「高原期」），再全力衝刺讓雙方達到高潮，這樣的話女性才會準備好。

綁縛 Ligottage

綁縛，法國人稱之為「ligottage」，此為溫和地綑綁伴侶的藝術，不是強人所難，而是要激發高潮。

它在性幻想排行榜中排名第二，僅次於群交。這是一門沒被列入「日課」安排的性技巧，人們一直躍躍欲試，直到最近才真的敢嘗試。綁縛也是歷史久遠的一種性增進術，部分原因在於它能無害地表現情慾的侵略性，那是我們極端渴望，卻被文化緊緊限制住的。

更有甚者，綁縛能製造生理上的亢奮：當任何一個人動彈不得，卻遭到

緩慢的搓捏撫弄，逼出高潮，簡直銷魂極了；當然前提是他要有勇氣來實驗，讓自己內在的侵略性流露出來。

性學家靄理士（Havelock Ellis）曾說過：「只要身體上與情感活動方面受到限制，都會提高快感。」無論如何，一般男女總是興致勃勃想勾引出對方較好的那一面，而帶有性意意味的綁縛最受人歡迎。

傳說故事中，每位女英雄及多數的英雄們，不都會暫時被綁著，待人救援嗎？這個主題的性幻想情節，曾被大量描寫，也被拍成情色圖像（它們大多數過於粗野，只是為了視覺效果，未必適合實現），以便滿足那些嗜吃辛辣口味，或想要享受強暴幻想，卻不願背負罪惡感的人。

其實，大多數的人都能回溯出這種潛在的渴求，例如偶爾喜歡在對方身上施點象徵性的「小暴虐」或被虐（在此一視同仁，無意冒犯任何人的意思，畢竟這種需要通常是雙向的）。許多異性戀的伴侶都會嘗試綁縛遊戲，儘管他們想玩真的，不願被替代的途徑敷衍，但效果通常差強人意。因為第一次嘗試總是會疼、或摸不著門道、或提早射精，搞得一團亂。如果先練好綑綁，想追求夠水準的緩慢式自慰，根本是緣木求魚。

許多女性喜愛那種無力的抗拒感，或男性暫時的霸道。而綁縛一個很MAN的男人，可以給女方很棒的樂子。男人則能夠享受「全身直挺挺變成一根大老二」的樂趣，也沒有「上場非表現出色不可」的男性焦慮。她呢，則初嘗全盤操縱的滋味，決定快慢和演出的風格。

目前，這種性愛方式之所以受到歡迎，是因為它把伴侶間「怕被對方控制」的心情，轉換成「漸漸增強的生理刺激」，賦予這個害怕些許情慾色彩，每個人因而享受起「對方假惺惺的兇殘」。

一些情色文學對綁縛的技巧有細膩的描述，但若對男性的敵意態度著墨太多，跟實情相去甚遠，就很倒胃口了。當然可以這麼玩，就如同一般的性愛行為，若雙方有輪流「當受害者」的機會，也知道何時該收斂，會比較保險，不至於玩得過火。

事實上，對那些有點膽量的男性，無論在性愛中扮演施虐或受虐的一方，真正有技巧的綁縛手法簡直是一枚炸彈，催情的火力強大。一個被精心地五花大綁的「囚犯」看起來多麼性感，而他自己不也覺得很性感嗎？而有相當多的女性，只要抓到重點，就能認同。

不論男女，若擔心侵略性太強，都可以多做些事前的和緩準備；但坦白說，它只會嚇到那些太「溫柔」的人。有時候，有些女性的確會有「想被

強力支配」的需要；而另一些則是喜愛扮演「支配者」的角色，一開始就很享受發號施令的快感。

整個點子便在於將你伴侶的手腳牢牢捆住，無法動彈，但又不會不舒服。他們可以假裝「抵死不從」，奮力掙脫，也無需擔憂繩索會鬆落，便一路衝刺，奔向性高潮。

除了它本身帶有狂野的性愛歡愉，也能協助那些不敢吃重口味的伴侶們，偶爾不顧一切地放縱一下。他們儘管在關鍵時刻會笑場，大叫「救人啊！」，但心裡搞不好愛死了。這裡有一個重要的技巧，就是懂得分辨「真正受不了折磨」的呻吟聲，譬如扭到手腕、抽筋等，以及「飄飄欲仙」的歡呼聲；前者代表「哎哟，暫停一下！」，後者卻是「看在老天份上，你行行好，加把勁讓我痛快地爽吧！」

這類遊戲手法，在所有情趣與性交以外，提供人們多一個選項。既然被綁者毫無自主力，任憑被親吻、被手淫、被當馬騎，或只是單純被節節逼出高潮。不論男女，綁縛的確能發揮功效，趁他們動彈不得時，以慢條斯理、技巧高超的自慰手法進逼，助長那種簡直叫人難以忍受的深刻爽勁。

「受限於人」的處境，使得受捆者必須動用全身肌肉掙脫與反抗，等於呼應了施虐者在施加性刺激時的速度與節奏，心理學家狄奧多·芮克（譯注15）將之稱為「緊張懸疑的元素」。若被綁的是女性，她的「忍受範圍」可以因而拉長；若是男性，那他的快感汁液也足以被充分搾乾。

蒙眼 Blindfold

這是個剝奪視覺感官的方法，讓愛侶能把注意力集中在其他四種感官（聽覺、嗅覺、味覺、觸覺）上頭。如果你做愛時容易分心，這個方式能有效阻斷你東想西想的習慣。傳統上，這是性別權力互換重頭戲（參見「綁縛」），蒙上眼後，你完全不知道接下來會發生什麼事，光想到這一點就能讓一些女性亢奮起來。最重要的是信任，絕對不要在未告知或達成協議前，就幫另一方蒙眼。在蒙眼後，千萬不要施以會讓人不愉快的驚人舉動，除非你除了想破壞當時的氣氛之外，還想毀掉兩人的關係。

一條輕質圍巾或飛機上的眼罩都可作為蒙眼道具，若想達到全黑的效果，情趣用品店有販售專用的眼罩。和新手一起玩時，要隨時保持接觸，並告知你目前的動作是什麼，和老手玩時，你可以延長不作聲的時間，或暫歇性的停止觸碰，以拉抬對方的焦慮程度。這時可以對他吹氣、或輕咬

蒙眼
吹氣，輕咬舐弄，並在她耳邊低語。

舔弄他、或在他耳邊低語，但最重要的感官之旅，仍是觸覺。趁對方不注意的時候突然觸碰他一下，也可以用嘴或生殖器觸碰他，而羽毛、情趣玩具、冰塊、乳液都是不錯的選擇。當蒙眼遊戲結束時，被蒙眼的人可能會頭暈或失去方向感，這時，正是給對方一個親密又有安全感的擁抱時機。

蒙眼的另一個極端，是彼此深情相望。在某個學術實驗中，被隨機配對的陌生人在凝望彼此眼神四分鐘後，就會陷入愛河。所以，別認為在相識之前才需要用眼神擄獲對方的心，做愛時更該運用眼神來強化你們的愛。當你高潮之際緊緊望著對方，你將感受到一股無法言喻的親密感。

鏈條 Chains

鏈條那種把人繫得緊緊的模樣，跟裸露的皮膚相當搭調。有些女人熱愛它那股冷冰冰的觸感，及其代表的象徵意義；有些男人則喜愛把玩鏈條，一下鎖上，一下打開，樂此不疲。你們都可以在彼此身上試試看，才知道該準備多長的鏈條。

如果只是想把伴侶綁得動彈不得，鏈條其實挺不舒服的。不過，被鏈條綑綁的模樣確實很狂野，許多人相當熱中此道。這類亮晶晶又叮噹響的物品，常能讓許多戀物癖者感到興奮。（參見「耳垂」）。

皮帶鞍褲 Harness

對於那些不會打繩結，或不想被捆得滿身瘀青，卻又很想體會被拘束滋味的人，這倒不失為一種簡便的選擇（譯注16）。當然也有人純粹是愛上它酷酷的外型，其款式的複雜程度不一，也會針對各種性愛姿勢而設計。（小心網路上那些標價太高、附上煽情照片的產品，很可能中看不中用。）

有的還會搭配長度超過手肘的皮革手套。它製造出的緊束感，能對皮膚產生相當的擠迫壓力，而這正是許多人迷戀它的原因。有些人則是為了騎馬的象徵意味而使用它。

口中塞物 Gags

有些人還喜歡在嘴巴裡塞東西，不管塞人還是被人塞，都讓許多男士情慾上升。多數女性坦承對那副景象沒啥好感，但一個嘴巴被乖乖塞滿東西的女人，一臉驚惶，卻只能不作聲而略為抵抗，多麼讓男人動心。

　　除了富有性的象徵意味，「無力抵抗只好乖乖就範」的意象同樣令人銷魂。嘴巴塞了東西，也可以讓當事人在高潮之際盡情悶喊、狂咬，而不會驚動芳鄰。這下，你的伴侶覺得已經被你逼到情慾的極致，唯一能做的只有想盡辦法擺脫你的控制，這一來一往的樂趣，油然而生。

　　事實上，把一個人的嘴塞起來，很難保證百分之百安全。道具可以用一條長長的衣服布料，繞個幾圈塞進嘴裡；或是用細帶捆住的橡皮球，就很夠看了，這個情趣用品店有販售。任何入口的東西都必須是硬質的，以免阻擋呼吸道，而且在被塞的人發出危險訊號時能立刻被取出。可能出現的緊急情況包括：哽住、反胃想吐，或任何不舒適感。所以，雙方必須在事前先講好「停止」訊號，絕對不能被濫用或忽視（參見「風險」），若是為了追求更久的高潮而使用不當，後果將不堪設想。

綑綁術 Ropework

　　為了讓綁縛過程更像遊戲，就必須講求效果，但不能引起痛楚或危險。我們花點篇幅來談談技巧面，因為它真的是相當受歡迎的性幻想項目。而且，其中的某些技術與展現體貼的小訣竅，不教還真是不會呢。

　　在有四根柱子的床上，你可以將伴侶綁成「大」字形，並以一兩個枕頭支撐對方的身子。某些人四肢被這樣撐開，恐怕反而阻礙了高潮的強度；但許多人只有在雙腿大大張開，手被牢牢地反綁在背後，或固定在椅子上或床柱上時，才會覺得興奮。

　　這時，身上比較敏感的關鍵地帶，位在手腕、腳踝、手肘（但不要用蠻力硬將對方的這些部位拚命往後折）、腳底心、手的拇指和腳拇趾（手法高段的伴侶，會在進行到一半時暫停一下，將最後提到的這兩處，以皮質的靴帶綁起來。）

　　至於用什麼東西去綁，端視個人品味。先不談極端的束縛衣，有的伴侶們會用皮繩、塑膠繩、絲帶、任何衣服裁成的布條、睡袍的腰帶、繃帶、尼龍繩，以及或硬或軟的繩索，不一而足。

　　繩子，對那些身材不很強壯，或不會打帆船結的人是最容易的。雖然手銬在躺下時拉扯到可能會痛，但可以最快取下，為了安全起見，戴著時要鎖上，看在老天的份上，鑰匙一定要放在方便取得的距離內。

　　對多數的伴侶來說，一般棉質衣服捲成一束就綽綽有餘了。你可以將衣服剪成五、六條各一公尺左右的長度，跟幾條約兩公尺的長度。使用時，

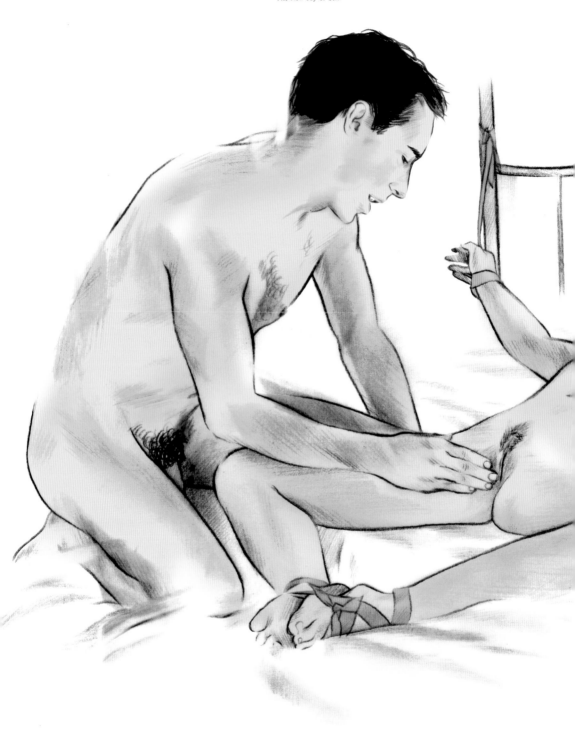

綑綁術
在粗暴中加一些溫柔。

　　在手部多繞幾圈把結打牢。在使用之前，最好先丟進洗衣機加柔軟精洗一洗，可以讓質地變得輕柔。

　　當然，這種玩法也可以只著重其象徵性，譬如簡單地營造出那股侵略的氣勢。不過，對喜歡這調調的人來說，樂趣就在被綁者可以在肉體被困住時，皮膚與肌肉反而獲得解放的那種大快人心。同時，它也能逆向操作，幫助我們破除文化上對外陰部感受的禁忌。

　　假如你的手法夠溫柔，繩索綁過的勒痕通常幾個鐘頭後就會自動消失。反而在鬆綁時粗手粗腳，才會造成瘀青或皮肉傷，別用力扯，免得弄傷肌膚。在高潮過後，盡速幫他鬆綁，不然他可會變成一條硬挺挺的死魚；同理，也要將她盡快鬆綁，讓她「重返真實」，舒服地躺回你懷裡。不論男女，只要不涉及故意趁機洩恨、手段笨拙或帶有破壞性，你們大可在雙方同意下，盡量去追求適度的、象徵性的粗暴情趣（參見「風險」）。

　　就像所有的性愛遊戲一樣，這裡要提醒各位的性愛之道，正是「粗暴中加一些溫柔」。假如你無法確定性伴侶的容忍範圍，不妨直接開口問。然後，再依此減去百分之二十的程度，以便在性幻想與現實間保留一點緩衝。只要遵守這套規則，凡喜歡做愛帶點暴力色彩，或熱中這個點子的伴侶們就能大展身手了，比起原先僅能以溫和、快速、有效率，或偶爾讓對方舉白旗投降的點到為止玩法，更上一層樓。

風險 Hazards

　　重口味的性愛並不表示一定會愛到越界，但是它確實可能如此。不管是因為想要得更多，或太過忘我，或兩者皆是，雙方可能會發現自己的行為已瀕臨危險邊緣。因此一定要謹守下列的「安全守則」：

• 一開始慢慢來，並且要先經過商量，如果你們無法溝通，就別做。絕對不要做任何會傷害自信的事情。永遠別把做愛和藥物、沮喪、憤怒、過量飲酒混在一起。

• 除非雙方都經過性病篩檢，否則一定得採取安全性行為，而且，肛交時務必要戴套子。即使雙方都經過檢查，先觸碰過肛門的情趣玩具或身體部位，千萬別再碰到身體的其他開口處，以免造成感染。

• 協議好你們的「安全字」，最好挑一些不常用、也不會和「我還要」弄混的字眼。例如「琥珀」可以代表「繼續，但請慢一點」，「紅色」可以用來表示「現在立刻停止」。如果嘴巴裡塞了東西，討論出一個信號姿勢，例如手上抓一個布娃娃，丟下時則代表要停止。

• 不可把動彈不得的人丟下獨處，特別當那人是臉部朝下或頂著柔軟的床鋪時。也別把伴侶綑綁後，自個呼呼大睡，尤其當你們之中有一人喝醉時。被綑綁的時間，絕不能超過半小時。所有的繩結都要能被快速鬆開。

• 不能把或鬆或軟的物件放得太深入喉嚨。除了我們特別提及的物品以外，都不能放到嘴中，或蒙在臉上。絕不能在脖子上綁任何東西，即便是綁得鬆鬆垮垮，或對方主動要求都不准。所有塞入口中的東西都必須能被迅速取出（參見「口中塞物」）。

• 嚴禁製造任何窒息的機會，即便是在玩遊戲，特別是在高潮時更應避免。有些女性把這種短暫的窒息視為快感來源，如果真的很愛這調調，其實頭在下腳在上的做愛方式，一樣會產生「呼吸困難」的快感，卻安全多了（參見「呼吸」與「反轉式」）。

- 不要在皮膚比較薄的骨頭、靜脈或動脈上施壓。所有道具都先要在自己身上試試看，力道別大到在皮膚上造成凹痕。夾鉗類的道具不能在身上使用超過15分鐘（參見「乳頭」與「痛楚」）。

- 不可對陰戶內吹氣，這樣做可能會引起空氣栓塞，造成猝死。同樣的，也不要用強勁的水柱沖陰道，水壓可能會讓輸卵管受傷。

- 避免任何形式的殘忍行為，對於有這方面恐懼的人，更是別做這些事。更不要像是勾住身體某部位，然後高高吊起之類的危險把戲。任何不安全、瘋狂、未經雙方同意的行為，都別做。

性愛，本來就應該多方嘗試，只要避免那些高危險的愚蠢實驗就好。重點是施以適度的溫柔，性愛遊戲至今仍是最安全的運動，你不知道有人曾被高爾夫球給砸死嗎？

人工陰道 Merkins

過去通常是一個塑膠或橡膠製的陰道，裡頭裝著溫水，現在則有許多變化，提供另類的抽插口選擇，有些甚至是根據名人的生殖器來製模的呢。不管是不是附在充氣娃娃身上，其功效實在令人懷疑，人體器官真實的質地，還是很難被取代的，就像古時候有人在西瓜上挖一個孔，當成陰道來用。在兩人性愛中使用這種人工陰道的唯一藉口，只是取悅你伴侶的視覺享受罷了。

假陽具 Dildoes

假陽具的款式多樣，功能也略有不同，例如有些是專門刺激G點的，有些由金屬材質製成，可以加熱或冷卻。其實，假陽具在老祖宗的年代就出現了，而且用的人還不少，而現代製作的假陽具，質地都相當不錯。

大多數的女人自慰時，並不常將物品插入陰道。但在回教地區的閨房內，既然那些婦女們「不靠蘿蔔與小黃瓜節食，而是另有妙用」，表示這種事真的發生。而且女人使用這玩意自慰的畫面，絕對會讓部分男人看了噴鼻血。假陽具也能當成「第二根陽具」登場助興。

穿戴式或雙頭龍的假陽具，不再是女同志的專利，想玩角色扮演的女性，也能親身體驗擁有陽具的感覺，男性也可嘗到被戳刺的經驗（參見「後庭一陽指式」）。如果是男方替女伴挑選假陽具，應該找比自己想像中的尺寸再小一號的，男人在這方面通常很容易過了頭。

按摩棒 Vibrators

　　跟一般人的誤解正好相反，按摩棒才不是寂寞又毫無經驗者使用的工具，而是自慰或性交時的好幫手。其種類包羅萬象，有針對陰莖、陰蒂、G點、肛門所設計的產品，樣式也有跳蛋型、雙頭型、旅行便利包、指套型、陰莖套環、綁帶型、穿戴型等等，這還不包括可以跟手機或隨身聽等科技產品結合的神奇玩意兒。有些人就是對這些產品不感興趣，也有人擔心使用後會上癮，造成依賴；如果你的伴侶很想用也喜歡用呢？請別擔心，你們的親密關係並不會因此變質。

　　如果想知道自己喜不喜歡這調調，可以用電動牙刷來測試看看（記得換上新的刷頭）；很多人外出旅行時忘了帶按摩棒，也會拿它來代替。如果你喜歡這種震動感，就去一趟情趣用品店吧。測試強度和速度的基本方法，就是把產品放在你的鼻子或掌心，想想你會怎麼使用它，然後選擇最適合的，通常G點專用的有弧度，肛門專用的則是有底座或會發亮，以免掉進體內找不到。

　　震動的作用才是挑選重點，造型反而是其次。男性常會選擇陽具造型的給女方，只不過，讓女性感到舒服的款式，往往是好拿取、方便操作的。

　　低速的矽膠按摩棒音量比較小，萬一還是嫌吵，可以用枕頭蓋住局部。請注意，有些材質可能會造成過敏與荷爾蒙干擾問題，好的情趣用品店都會提供相關產品發展的最新資訊。

　　所有情趣用品都一樣，使用前後都要清洗，而且使用時要搭配潤滑劑（參見「潤滑」）。如果是跟未經性病篩檢的人共用按摩棒，記得替它套上保險套（參見「安全性行為」）。按摩棒並沒有什麼使用規則，如果感覺不錯也不會痛，就繼續用吧。你還可以玩一點身體的挑逗把戲，從嘴唇、乳頭、臀部、腰部一路游移，最後再到生殖器官。

　　按摩棒確實是女性的好幫手，除了能先自己玩到亢奮起來，當作暖身，也能讓男方知道自己想被如何「伺候」。將按摩棒放在她緊閉的陰唇，然後翻開陰唇，抵在上頭（參見「高潮點」），輕靠著陰道推擠，主要的刺激點還是女方的陰蒂。如果覺得刺激感太強，一開始可能要慢慢來（先用低速，或隔一條毛巾），然後從前端逐漸加強力量。如果是男方為女方服務，他必須知道當她高潮時該怎麼做，因為有些女性需要被持續刺激，但對許多女性而言，腫脹的陰核繼續被觸碰，會有些吃不消，這時，男方的力道就要稍微輕一點（或完全移開，然後迅速用舌頭幫助她完成高潮）。

按摩棒
有些男性只要一觸碰就達到高潮。

其實，男性用按摩棒一樣可以玩出很多花樣，像是輕柔地刺激睪丸、陰莖下方、會陰，特別是龜頭和包皮繫帶，有些男性光是觸碰這些地方就會高潮；女方也可以幫男方口交，舔他的包皮繫帶，同時將按摩棒放在他的肛門部位，讓他樂不可支；或者男方也可以戴上震動陰莖環，共享快感。

進階的玩法還有：一根按摩棒搭配手口並用；一根以上的按摩棒；一根多功能按摩棒，插入陰道的同時也能頂到陰蒂；將跳蛋放入陰道內，同時以按摩棒抵弄陰蒂；或來點變化，把按摩棒插入肛門，同時刺激陰蒂或龜頭；或男方以按摩棒刺激女方陰道和肛門時，女方同時用指套型按摩棒摩挲自己的陰部，這時男方可以先把陰莖抽出（參見「後庭一陽指式」）。

遙控功能將按摩器提升至另一個境界，不僅是兩人在公開場合可以玩的私密遊戲（例如在餐廳時，一個穿戴著按摩器，另一個手上握有遙控器），在閨房內，也是讓愛侶單方決定性愛節奏的方式，不過另一位可能得先被綁起來（參見「緩慢幫她自慰」）。

最後，講一個趣聞，按摩棒並非性愛革命下的產物，而是在1869年用來幫助醫生或助產士治療女性「歇斯底里」時，讓患者達到陰蒂高潮的產品。這種被稱為肩膀按摩器的設備，顯然已是現代家庭必備的電子用品，不過，當然只是用來舒緩肌肉痠痛的囉。

痛楚 Pain

痛楚，本質上就不是一種性的興奮感。事實上，當興奮感開始出現，痛楚的知覺便會平穩地消退，除非有任何其他強烈的刺激加入。

這法則在別的生活領域也很通用，例如在足球場上摔斷了一顆牙，當時沒有留意到，直到後來才有痛感。但講到性的興奮感，如果痛楚不是太劇烈的話，往往能增加舒爽的感受。然而，這個分水嶺的界線很微妙，也就是說，只要超過某一限度，就會變成反感而非性感，假若還持續越界下去，那之前建立的慾望基礎便會崩盤。

忍痛，會讓你向高潮逼近，幾乎瀕臨高潮時，人們都還能接受那個疼痛程度，譬如說，來幾下大力的掌擊，不過當高潮一發生後，痛楚轉換成舒爽的過程就會立時停止。所以，高潮過後，不宜再弄些棘手的姿勢，或搞太強烈的刺激。但有些人似乎不太需要這種轉換。

假如你接收到的是再明白不過的痛楚，無法轉換成任何愉悅，那麼若非強度太大或下手太早，就是你在高潮已經過了還不罷手。去分辨何者為生

理愉快，何者為非，是一門藝術。

　在普通的性行為中，如果會感到痛，大概是出在痠疼，及內部器官被頂撞到等等，也可能是你的技巧太草率，或者哪裡搞錯了。萬一器官痛楚持續數日以上，就要找醫生求助了。

　第一次性交，雙方可能都會有些痛。假如前戲做得很「入戲」，便能協助女方忍住痛楚，即便她流出血，稍加休憩後，也能二度上場。若情況真的很難處理，恐怕要找專家幫忙了（參見「貞操」）。溫柔地對待她，事先做做伸展運動，多數女性的初次性體驗都不會感到太痛才是。

　至於真的渴望痛楚感，才能享受到性樂趣的人，無論精神上或肉體上，並非不正常。通常這狀況比較存在於性幻想中，實際去做反而會倒胃口，除非你的伴侶在這方面的技法相當高超，可以不斷找出新樂子，但你的性幻想也不能太暴力。

　許多男人熱中找人來「痛扁他們一頓」，因為這點子光是聽起來就很煽情。如果你的伴侶有這樣的綺想，好好蘊釀它們在內部攪動的能量，減弱個二成（以免性幻想太強烈），但要小心體內那渴盼受傷、享受疼楚的性格接下來的演變。

　對某些人而言，以常識為基準，加點角色扮演或遊戲的玩法，理智地善用這個轉換過程，比起光做些無啥新鮮感的性幻想有趣多了。

鞭笞 Discipline

　意指以互打對方為樂的一種性愛技巧。有一個流傳已久的信念，源於英國私立學校的教師們，並在作家梅本（譯注17）的《De Usu Flafrorum》中獲得支持：打人或被打，宛如性愛裡的塔巴斯哥辣醬（Tabasco），是最嗆的情慾調味料。在狂野的派對上，或麻辣的情色片中，總會看到它的蹤影。衛道人士抨擊這會造成肉體的傷害，但鞭笞其實無罪，甚至還是種宗教儀式呢，那些衛道人士看不慣的，其實還是性愛的部分。

　打人或挨打，不論有沒有達到效果，都是一種刺激。這是對皮膚施暴所產生的亢奮，佛洛伊德十分熱中處罰的象徵意義，他的結論使得斯金納（譯注18）的理論更加複雜化了，斯金納認為這種引起刺激的途徑令人嫌惡，但是卻能帶來報償。

　一般人可能只把鞭笞當成綺想，或嘴上說說而已，從不付諸實現；但有些人則深深著迷。至於不屬於這兩類的其他人，假使還不太能接受，那不

鞭笞
有些人相當熱衷此道。

妨先從自身實驗起，不要一下子就跳到「雙打」。

皮膚的刺激，或偶爾的拍打，只要時間對了，都會引起多數人的興奮。不過，萬一打得太過，大部分的人還是難以消受。有些人至今仍存著錯誤觀念，認為女性特別喜歡挨打。

假如你們是一對情侶，其中一個想試試看被打的感覺，另一個不必因此擔憂，怕自己內在的那隻野獸跑出來。假如你們有一個想體驗打人，對方卻不想配合，那就有點難了，或許體貼的方法是來點「人為安排」，做做樣子就好，不要真正打下去。很顯然地，如果你們無法交換情慾幻想，那你們便不適合當愛人。

在做愛時，不妨來幾次口頭上的暴力助興（參見「清晨鳥鳴式」）。當你們玩真的時，若整個過程讓你興奮，那就把它搞大，別害怕要求對方，或顧慮太多，因為「玩樂皇帝大」。譬如，可以扮一個撒野的孩童，或玩情婦與奴隸的遊戲，或任何你中意的情景。倘若你對伴侶的性幻想沒什麼特別感覺也無妨，就當作一場遊戲嘛，好好享受他或她的愉悅反應，或許你也能從中得到身體上的愉悅。你可以多注意一下遊戲進行的韻律與風格，畢竟這才是精華所在，而不是一味的使用暴力。

剛開始不需躁進，一、兩秒鐘輕輕下手一次，慢慢增加強度，直到對方覺得夠了，或主動要求再多一些。這是雙向交流，除了該有的掙扎動作外，雙方都要看起來性感迷人，同時也能感覺到性感，而非粗暴。

以細枝條鞭打，對多數伴侶而言已經足夠；但有些伴侶喜歡重口味，會要求更用力，有時還非在身上留下痕跡不可。你可以只在臀部下手，或擴及全身──背部、腹部、胸部，甚至陽具（喔，請小心哪！）和陰道（讓她仰臥，然後把她的腳往後抬至頭部高度，固定在床柱上，雙腿洞開，從臀部開始打，再移至大腿上側、陰道）。

或者，把對方的雙手繞過頭部，綁在浴室的蓮蓬頭上，並打開嘩啦啦的水，在水柱中找樂子。

如果你們喜歡更煞有介事的調調，可以選購情趣專用的鞭子、板子，這些產品能發出挺像一回事的聲響，卻不至於闖禍。若只想感覺皮膚上那股敏銳刺激，可以選擇樹木的枝條，但別用竹子，它會像刀子一樣割人。

絕對別跟陌生人玩這種遊戲，畢竟只有熟悉的愛人，才能有把握不讓這遊戲走樣變質。而且，千萬不要把這情慾的打人樂趣，跟真正的發脾氣混在一起了，否則可能十分危險。遊戲，就是遊戲，不能混有別的雜質。

群交 Foursomes and Moresomes

本書剛寫成時，和多重性伴侶擁有開放的性關係，被描述為「重要的人類學研究項目……轉變成一種平常的社交活動」。本書再版時，愛滋病猖獗，同樣的行為則被說成是「自殺」。今天，兩種看法都會視為極端，但是一般而言，社會普遍支持一對一的伴侶關係，此外的其他行為，皆被視為一種冒險、愚蠢或背叛。

以夫妻為例，經常會見到雙方對此達成共識，一方想要嘗試，便提出建議，另一方為了不讓伴侶掃興而同意；很快的，妒忌等情緒便開始滋長，整件事越來越棘手。讓這個想法停留在性幻想的階段，並不是件壞事；但如果你決定進一步嘗試，應該跟伴侶訂定遊戲規則，當然還必須考慮到可能面對的複雜局面。雖然群交對兩性來說，都是最熱門的性幻想題材。提倡者也宣稱，群交並不會有一般婚姻外遇的欺騙因素（另一方面，這和雜交的自由性愛概念不同，自由性愛通常不是出現在無政府社會，就是「多女一男」症候群。）

至於怎麼做，則隨文化和個人而不同，大部分都是透過網路。想徵伴的個人或夫妻、地區性的性愛派對、有主題之夜的俱樂部，會在網路上張貼廣告。單身男子通常占絕大多數，但比較難得到機會；單身女子非常搶手，因此她必須慎選對象。經過商量而決定嘗試的伴侶，通常進行得比單身者順利，因為過程中，他們通常會緊握住彼此的手。

如果要回應個人廣告，請遵循所有出去約會的一般規則：只回信給你喜歡的人，禮貌地拒絕你沒興趣的人。事前可以通電話，或見個面喝杯飲料，如果你被對方吸引，先討論過基本規則後，再做進一步的安排。如果計畫在某人家中共度激情夜，或許先用餐，輕鬆地聊聊天，然後共享裸體時光，不一定要馬上發生性關係，除非氣氛很對。

如果想參加有組織的派對或俱樂部，可以先上網看看，最重要的是將聯絡資訊記下來，問清楚當天的主題是什麼，以及哪一場活動比較適合剛入門的新手。你也可以要求和參加過的成員談談，先探聽好「行規」，包括觀看、觸碰、加入……等等技巧。赴約之前，不要想藉酒壯膽，這通常沒有什麼好結果，還會讓你的判斷失準。

這類派對多半是在私宅舉辦，也會有些特殊的安排，可能每個房間都有不同的主題。若是在俱樂部，情況也類似，只是場地更大、設備更多，像是愛侶房、私人沙龍、三溫暖、按摩池、炮房等。如果你想加入，步驟通

常是先坐在一對活躍的夫妻或團體旁邊，表現出興致高昂的樣子，等待對方邀請你加入。在這些活動裡，說不就是不，還有，嚴守安全性行為。

我們加入了這些準則作為簡單的說明，就像所有的滿足感一樣，品質會因人而異，你可能要多看看，才能找到合你胃口的情況和人選。大多數深愛此道的人都很歡迎新人，也會很熱情給你指點。如果他們不是如此，就去找其他更友善的新玩伴吧。

幫他緩慢自慰 Slow Masturbation for Him

要讓這種方法奏效，你必須先了解綁人的方法（參見「綑綁術」），你的伴侶也必須很喜歡故意抵抗、掙扎的調調。

一般都是女方為男方服務，但要角色互換也行。雖然綑綁與否的效果確實有差，但也不一定非得綑綁不可，只要能讓伴侶動彈不得，乖乖讓你「服務」就行了。竅門在於，你要把伴侶當成樂器來演奏，手勁不要過猛，免得對方反感。（可與「鬆弛式」做比較）

開始步驟如下，女方照自己的意思將男方隨意綑綁，或讓他全身赤裸地仰躺著，手腕後彎、腳踝交叉、膝蓋打開。事已至此，女方可以在他身上簽名畫押，表示這男人現在歸妳管了。她面向他跪坐在他身旁，這個角度可以讓小底褲若隱若現，迷得他兩眼冒火。接著，將他的頭髮抓在手心，把他的嘴往自己的腋下與乳房用力摩擦，沾上她的體香。然後女方打開雙腿，小心地夾住他的脖子，用陰戶頂往他的嘴。終於，她可以脫光光了，再把纖毛畢露的陰部遞上前去，讓他一飽口福，先是以陰毛叢刷來刷去進行挑逗，接著撥毛見陰唇，「肉彈侍候」，不必急，慢慢來。如果他有包皮的話，不妨將之往後一拉，並靜止片刻，讓他來得及興奮。

假如她很善於掌握狀況，那麼男人根本動彈不得，而她也能控制到始終「口對口」，即讓他的嘴唇不離她的陰唇。接著，重新再來一遍，有必要的話，手口並用，把那話兒調教成「大英豪」。

在這段暖身期，她有兩個焦點需要照顧：一是他的嘴與陽具，二是手藝。兩者兼顧別暫停，注意別讓他提早射精。想完成任務一定要記得，雙手都可以派上用場，也可以單手握住他的小老弟，並用嘴唇或陰唇親吻他的嘴。她還可用手指尖、舌頭和陰戶，在他最敏感的部位下手（參見「蜘蛛腳」），這時一手抓握他的陽具，另一手的掌心撫在他的口腔，總之不要讓節奏慢下來。

假如男人漸漸軟了，她便先停手，去將他綁牢。如果她力氣夠大，能輕易將他翻過身子的話，此時正好將他雙手拇指交叉綁得更像一回事；然後，一切就緒，重新啟動，再把他弄硬起來。接著再以慢工出細活的手藝，幫他自慰。

以下這個性愛技法，大概最叫男人的魂飛九重天（但當它沒完沒了，那他也有罪受了。如果你還是想問，為何我們一開始要教你把愛人綁起來，當然也可以試試先在不綁他的情況下玩一下）。首先，女方坐在他的胸口，將臀部對準他的下巴，兩隻腳踝可以放在他的膝蓋窩裡、或者屈膝將小腿塞進他的臂彎裡。一隻手抓住他的陽具根部，另一隻手以虎口夾熱狗的方式，將包皮往後拉到底，拇指朝向自己。先以快速、大力、令人神經緊張的頻率套弄，每一秒至少套弄一次，持續進行約二十次後，變換成十次非常猛快的搓動，再回歸到原來的手法。以此重複。

如果發現他開始浮躁不安，有射精的跡象，就應該放慢速度。多練習幾次，女方便能察覺到他這種射精前的身體反應。在他還能忍受的情況下，繼續下去。表面上似乎只有男人在享受，但實際上並非如此，能看著男人愉悅也挺刺激的。不然，就來點讓自己愉悅的，將撐開來的陰戶，往他的肋骨用力頂，但可別分心了。

大部分的男人被這麼慢條斯理地「整治」，能撐個十分鐘就很了不起了。倘若他軟了，那趕緊來美女救英雄吧，幫忙打手槍、或用嘴幫忙，助他重登顛峰；或是用推滾他、騎他的方式，使他再度熱血沸騰。等他射出來，越快為他鬆綁越好，因為高潮之後，如果太慢鬆脫，他會全身僵硬，跟拚命踢了整場球賽一樣。

這手法就是日本式的馬殺雞技藝，唯一的障礙是如果她的體重不輕，做起來還真有點難。日本人是善於打繩索的藝術家，結繩技術跟日本料理一樣有看頭。而日本女按摩師的體態輕盈，坐在男人胸膛上，絕不會鬧出人命。

萬一是個「有分量」的女孩，那就改成雙腿分開的跪姿，讓體重落在膝蓋，不必全部壓在他身上，而陰戶還是對準他的嘴巴。在《尼伯龍根指環》故事中，布林希德在新婚夜把族長昆達綁起來（譯注19），恐怕也是為了類似的原因——我們這裡舉的例子是個頭較小的女性。

另一個出人意表的技法，是女方對愛人說要給他畢生難忘的時刻——然後綁牢他，確定他無法動彈，也發不

了聲音時，她才開始在他面前自慰，並達到高潮，讓他看得到，吃不到。

這做起來可比聽起來火熱多了。如果他已經高潮，卻還意猶未盡，想再玩點什麼，準會以抓狂收場；而看著他無力反抗，卻死勁掙扎，會使她倍感興奮。別心有不甘，因為事後她可以好好的以一種「緩慢」的方式補償他。

幫他緩慢自慰
如果男人還撐得住，就給他最銷魂的伺候。

幫她緩慢自慰 Slow Masturbation for Her

為女性服務，男人記得有三個地方需要好好處理——嘴巴、乳房與陰蒂。他應該先觀察她怎麼自慰，然後模仿她的手法，以龜頭與腋窩先行挑弄，再用手摩娑她的陰戶，接著放入她的嘴裡。

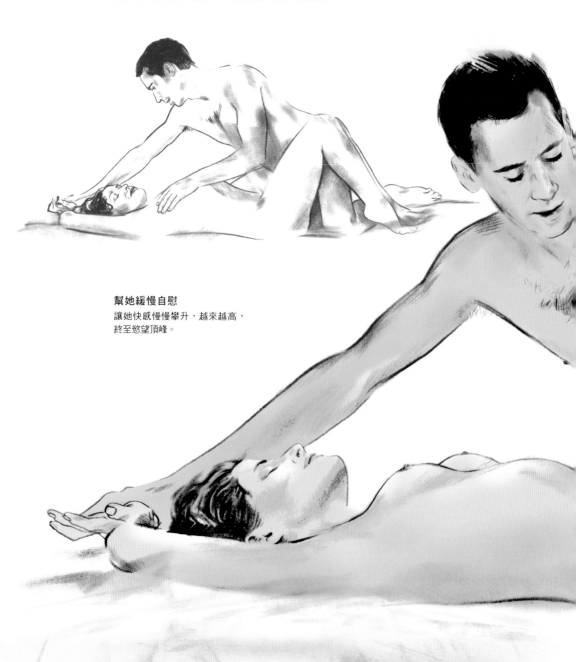

幫她緩慢自慰
讓她快感慢慢攀升，越來越高，
終至慾望頂峰。

　　他必須從她的聲音與身體擺動推測出,她的陰蒂能承受多少力道。效法螺旋轉的技巧,讓她慾火高漲,或者簡單的,盡可能快節奏地搓弄陰蒂。

　　假設她是很有反應的人,能毫不畏懼全身投入,這一挑弄起來可不得了,那麼男人的大考驗也許不在讓她愉悅,而是如何拯救她。

　　他應採跨坐,但不是坐在她身上,也不必用手壓住她,反正她應該已經是一副無助的樣子了。

　　時機終於到了,在她意識半清醒之際,他便轉換重心,改用舌頭充當潤滑液,低下頭去舔弄陰蒂幾回。然後,好戲上場,來個淋漓盡致的性交。讓她快感慢慢攀升,越來越高,終至慾望的頂峰,這時男方先噴發高潮,並從她的反應中判斷何時該停下來。這些反應訊號跟她的呻吟,或掙扎的舉動未必相關,因為女性在高潮之後,多半都有這些行為。然後趕緊幫她鬆綁,勿造成任何疼痛。最後,女方重返現實世界時,讓她安心地躺在男方的懷裡。

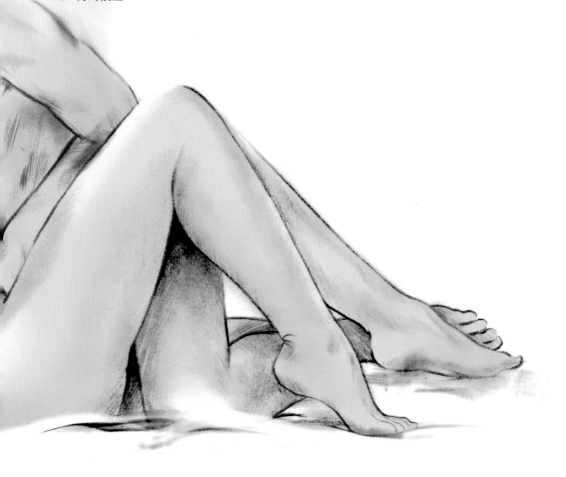

喜悅 Joy

從演化的觀點來看，性愛的愉悅是先天的，但卻有期效性。在荷爾蒙的作用下，人類產生情慾，彼此的基因結合後，相互扶持直至嬰兒呱呱落地，基因的任務就達成了。大自然並沒對生過孩子的夫妻設定性愛目標，除非他們還想重拾激情。

然而，性愛肯定不僅於此。人類不只是一長串基因的組合而已，也不會只靠生物本能而活，因為我們能感受、能做承諾、願意去愛。擁有這些能力，在死亡之前，我們都能在性愛的舞台上不斷開發自己的潛能。

開發潛能的第一步，是絕不安於現狀。有時候，你和伴侶都可能因為懶惰，自甘於一成不變的做愛方式。但是，這只能偶一為之，或者當一方很疲累的時候才用啊，認真的愛侶怎麼可以天天都上同一道菜？該是挑戰常規的時候了，應該將性視為是天經地義的事，畢竟，這也是為了愛去努力啊。也順便挑戰「自己不應該、已經沒辦法更性感」的古板想法，千萬別拿「年紀大了」、「無法改變」或「老夫老妻」當藉口。

在這方面，性愛諮商師會推薦的是情趣玩具和服裝打扮，雖然是老調重彈，但還真有幾分道理在。人類學家海倫·費雪（Helen Fisher）說，新鮮感會活化刺激大腦的情慾區，所以當你的生活多了新的性愛變化，就會重現往日的浪漫情懷。能回應初步決定的行動，就表示你願意改變前戲、更換姿勢、嘗試遊戲、設定挑戰、使用輔助器材與道具。性愛永遠有新領域能被開拓，永遠有新事物值得努力。古代的日本人有所謂的春宮畫，即提供性愛啟發和綺想的「枕邊書」，在當時蔚為風尚；建議你不妨將本書放在床頭，以便性愛靈感枯竭之需。

在所有輔助工具之外，你還必須願意承自己想嘗試新的改變。你們裸裎相見、難以忘懷的第一次經驗，可能已經是好幾年前的事了。如果你跟所有人一樣，已隨著時間變老，那麼，你的需求和品味當然也會隨之改變。那些兩年、五年或二十年前讓你興奮的方式，可能早已不再管用。

你跟伴侶都必須鼓起勇氣面對自己，因為這可能會讓你的不安和抗拒跑出來。但這是很重要的一步，接受它，並發展出你的新慾望，然後為了你自己，也為了你的伴侶去滿足那些慾望，這就是所有性愛發展的核心。而本書的宗旨，就是提供一份能幫助你滿足那些慾望的菜單。

能夠常保性愛愉悅的關鍵，就是不斷告訴伴侶「我好希望你可以……」，然後對你伴侶作出「好，我願意……」的回應。

喜悅
性愛永遠有新領域能被開拓，永遠有新事物值得努力。

譯注1：馬斯特（William Masters）、強森（Virginia Johnson）是五〇年代美國性學界的研究先鋒，著有《人類性反應》（Human Sexual Response）等書，將人類對性產生的生理反應分為：興奮期、高原期、高潮期、消退期四階段。他們提倡一種「非性感取向的按摩」，亦即不以性交為目的，而以溫柔貼近對方為出發點，互相進行全身的按摩法。

譯注2：約翰・杭特（John Hunter，1728-1793），英國醫師，被推崇為十八世紀最偉大的外科先鋒，率先發現淋巴腺及胎盤功用，在消化性疾病、牙齒、移植、發炎、傷口及休克上的創新療法上均有貢獻。

譯注3：雪兒・海蒂（Shere Hite，1942-），美國性學家。1976年起，她根據問卷調查資料，陸續發表三本《海蒂報告》：女人性事、男人性事、女人與愛。被喻為唯一可以和金賽博士相抗衡的性學家。

譯注4：理察・波頓（Richard Francis Burton，1821-1890），英國語言學家、冒險家、東方文化學者。他是《一千零一夜》的譯者，也是第一個將《印度愛經》翻譯成英語的人。

譯注5：威爾漢・賴希（Wilhelm Reich，1897-1957），奧地利籍美國心理學家，首創身心療法（body therapy），並提出性高潮是健康的必然要素觀點。著有《法西斯主義群眾心理學》。

譯注6：亞倫・華滋（Alan Watts，1915-1973），英國哲學家、比較宗教學作家，將東方宗教哲學引介至西方的重要人物。著有《東西方心理治療》、《禪徑》。

譯注7：《羅麗塔》（Lolita）是俄裔美籍作家納博科夫（Vladimir Nabokov, 1899-1977）的一篇長篇小說，敘述一位中年男子對小女孩情有獨鍾，遇見了一名十二歲的少女羅麗塔而發展出一段戀情。後來，「羅麗塔」就成為被年長男性垂青的稚齡女孩的代名詞。

譯注8：喬治・莫爾（George Moore，1852-1933），愛爾蘭作家，著有自傳式的《一位青年的懺悔》，最受推崇的是《Esther Water》、《A Modern Lover》，被視作英國寫實主義文學之父。

譯注9：此處，作者以紅唇喻指陰戶，以足表示陽具，都有形貌上的呼應意思。

譯注10：Malaya，分布於馬來半島和鄰近島嶼的馬來人。

譯注11：Patagonia，生活於阿根廷的巴塔哥尼亞高原上的民族。以上兩個名詞均指地區的種族，他們發展出這類助興的性工具，因此以該種族命名。

譯注12：又稱作睪丸捏掐器（Ball Zinger），乃1930年由布拉寇（Robert Blakoe）醫師發明，用來治療陽痿，因而以其姓氏稱呼。

譯注13：艾莉絲‧史塔克罕（Alice Stockham），芝加哥的婦科醫師，為全美第五位從事醫生職務的女性。她曾遠赴北印度，企圖研習「密宗的祕密」，亦即如何掌控高潮。但她對東方宗教並不感興趣，便擱置了這個法門，另從精神學的觀點，取用奠基在「基督教─教友會」的理論，發展出一套新的神聖性愛學說。

譯注14：奧內達公社（Oneida community），也稱作盡善派，或共產主義派，以推動共產制度的生活為主。此名詞沿襲自印地安人。

譯注15：狄奧多‧芮克（Theodor Reik，1888-1969），美國心理學家，佛洛伊德的入室弟子，熟黯人性，具有人文與詩人氣質，擅長將理性與知性融會貫通，著有《感情世界的性別差異》。他在《現代男性的被虐狂現象》（Masochism in Modern Man）中，提出被虐待狂情慾有四個要件：性幻想、緊張懸疑、坦露無遺的面部表情、刺激煽動之元素。

譯注16：這是一種類似丁字褲，腰際綁著一條繫帶，穿在下半身的行頭，質料大多為皮革。它經常與假陽具一塊使用，主要特色是在陰部位置挖了一個洞，讓假陽具能從後面穿過，當女性戴上之後，就像擁有了陰莖。使用者為多為女同性戀者。

譯注17：梅本（Heinrich Meibom，1555-1625）德國歷史學家、作家，善於拉丁文寫作，其天份受到當時國王魯道夫大帝推崇，並授與爵位。

譯注18：斯金納（B. F. Skinner，1904-1990），美國心理學家，是六〇年代行為學派的代表，提出行為治療法。此處指學界裡主張斯金納學說的人士。

譯注19：《尼伯龍根之指環》（Der Ring Des Nibelungen）源於中世紀的北歐神話故事，後來由音樂家華格納寫成歌劇，稱作「歌劇四部曲」，也是歷史上最長的歌劇。全劇包括了「萊因的黃金」、「女武神」、「齊格弗里德」、「眾神的黃昏」。

性，是一種歡愉
許佑生

要為《性愛聖經》這本書即便是寫譯者序，壓力都很大，因為在近代這本書的名聲實在太響亮了，號稱暢銷八百萬冊的實力，三十載之後的光環依舊在，還是鍍上經典的光暈。

唯一能跟它媲美的是《所有你想知道跟性有關，卻不敢問的事》（Everything You Wanted to Know About Sex-But Never Dared Ask），在當初也是造成洛陽紙貴的轟動。這兩本書在當年保守的時代風氣中，性仍置放於相當隱諱保守的氛圍，能夠大剌剌地把性當一根大纛舉得招搖可見，是相當具有時代突圍之意義。

不過，跟《所有你想知道跟性有關，卻不敢問的事》比起來，《性愛聖經》的特色則更醒目，也較受到專家的好感與大眾親近。因為前者採取問答方式，主題也圍繞偏重生理性質的問題，顯得有點性教育味道過濃。但後者的作者雖然也是醫師出身，卻將寫作的方式設計的頗富創意，模仿菜單的包裝，很符合孔子所說：「食色性也」，食慾的滿足，與性慾的滿意，在本書的巧妙分類與結合下，水乳交融，色香味俱全。

尤其，身為一名醫師，康弗也很具備文學底子，因此毫不掩飾地在文采上大力綻放，閱讀本書多少便沾著文氣。當然，有時作者用得很出色，甚至有神來之筆；但有時也難免賣弄過了頭，變成意思不連貫。

但小瑕終究不掩大瑜，《性愛聖經》除了以端上美食佳餚的順序，來將性愛分類切剁烹煮之外，最重要的是，在那個談論「性」仍有些畏首畏尾、不乾不脆的尷尬局勢中，本書率先把「性，是一種歡愉」的真義，勇敢而有力地強調出來。「歡愉」（joy）這個概念，基本上與傳統對待性的態度是南轅北徹。過去，性，頂多是生殖上順便帶來的一種生理享受，並不能單獨而成為身體狂喜的來源。嚴格說起來，性，是責任的分配，而非樂趣的分享。

然而，這本書以這麼直指人心的書名上市，等於向世人挑戰：誰說性不能是放下內疚、享受樂子的大好時光哪？它表白得很清楚，性就是一種不

可忽略與放棄的歡愉權力。所以，把「歡愉」兩字放大，變得像一道新時代的回音，大聲昭告世人，放下性愛的彆扭、遺落性愛的羞澀，大方地從餐前酒、前菜、主食、點心，來好好享受一頓性愛大餐。

三十年前，社會對性愛的風氣與今日相比自有天壤之別，認知與實踐行為上也出現了顯著的大躍進，因此可以輕易看出本書缺乏某些當前關注的議題，以及欠缺對某類性愛族群的關懷，而把性愛很中產階級式地放在主流價值的位置上。不過，我必須提醒的是，在那樣的時代中，願意把性愛的正面愉悅歡欣鼓舞地昭示天下，並且在一些敏感議題上放言去大談特談，依然彰顯了作者康弗的獨到勇氣與見識，他那時把性愛引入民間，帶動生活化、情趣化、多向化，貢獻至今仍深有遺蔭。

而在一部分性愛的提議上，他也分享了當時讓人驚愕的理論與提議，又以文學筆調侃侃而談，將性愛的魅力從傳統的醫學的冷部門邀請回到娛樂歡暢的舞台。這也是本書當時造成一般民眾爭讀的原因。

以現在網路上所能看到的無奇不有的資訊來說，本書或許不會讓人有太多地方眼睛一亮，但細讀的話，還是可以像在河灘上撿美麗的鵝卵石一樣，常會拿起一顆貌不驚人的石頭，卻越看越能看出細緻紋路、特殊質地，而有所驚喜。

對本地讀者而言，《性愛聖經》以文學質感的筆觸，兼具性學的知識，與醫學的背景，為我們打開了一扇風光明媚的春景，使性愛變得四季變化、多姿多彩。康弗也許愛賣弄文采，卻是個知識豐富、對性愛見解有創意的傢伙，他這本書的成功，絕非偶然，也深有性愛新時代的開啟意義。

（本文為2004年中文版譯者序）

參考資料 Resources

老化 Ageing

▌ Better than Ever, Bernie Zilbergeld,
Crown House Publishing Ltd, 2005
ISBN：978-1-90442-436-9
從真實生活故事探討各項議題，提供對應之建議與解決之道。

避孕 Birth Control

▌ Contraception, A User's Handbook, Anne
Szarewski and John Guillebaud,
Oxford University Press, 2004
ISBN：978-0-19263-256-2
各種避孕法的詳細評論，包括對風險與副作用的分析，並對新手與老手提供不同的建議。

▌ Women's Health Concern（WHC）
www.womens-health-concern.org
諮詢專線：0845 123 2319
提供女性健康的各個層面（包括避孕與更年期）的建議，並提供協助之非營利組織。

▌ Family Planning Association（FPA）
www.fpa.org.uk
諮詢專線：0845 122 8690
針對性愛健康提供建議與協助。

雙性戀、男同性戀、女同性戀及變性
Bisexual, Gay, Lesbian, and Transsexual

▌ Gay Sex, Gay Health, Dr Alex Vass,
Vermilion, 2006
ISBN：978-0-09191-262-8

▌ www.queery.org.uk
提供英國各地同性戀，雙性戀、變性人之協助資源與組織資訊。

▌ London Lesbian and Gay Switchboard
www.llgs.org.uk
諮詢專線：020 7837 7324
提供關於性別議題的諮詢。

▌ The Gender Trust
www.gendertrust.org.uk
諮詢專線：0845 231 0505
針對變性人士提供協助的機構。

女性的癌症 Cancers-Female Sexual

▌ Living Through Breast Cancer, Carolyn M
Kaelin with Francesca Coltrera,
McGraw-Hill, 2005
ISBN：978-0-07144-463-7
提供醫生與病人的雙方意見、處理策略，以及日後如何維持健康的建議。

▌ Breakthrough Breast Cancer
www.breakthrough.org.uk
諮詢專線：08080 100 200
對乳癌病患及家屬提供相關資訊與協助。

▌ 100 Questions and Answers about Ovarian
Cancer, Don S Dizon and Nadeem R Abu-
Rustum,
Jones and Bartlett, 2007
ISBN：978-0-76374-311-6
提供卵巢癌病患相關實用資訊。

▌ Jo's Trust
www.jotrust.co.uk
此公益團體提供子宮頸癌方面的資訊與協助。

男性的癌症 Cancers-Male Sexual

▎ Your Guide to Prostate Cancer, Professor
Roger Kirby and Dr Claire Taylor,
Hodder Arnold, 2005
ISBN：978-0-34090-620-0
說明攝護腺癌患者如何享受性生活。

▎ Orchid
www.orchid-cancer.org.uk
針對男性癌症病友提供協助的國家組織。

▎ The Prostate Cancer Charity
www.prostate-cancer.org.uk
諮詢專線：0800 074 8383
提供線上留言版及專業護士協助的匿名專線。

飲食障礙 Eating Disorders

▎ Overcoming Anorexia Nervosa, Christopher
Freeman,
Robinson, 2002
ISBN：978-1-85487-969-1

▎ Bulimia Nervosa and Binge-eating, Peter J
Cooper,
Robinson, 1995
ISBN: 978-1-85487-171-8

▎ BEAT
www.b-eat.co.uk
諮詢專線：0845 634 1414
提供電話與網路一對一協助的網站。

不孕 Infertility

▎ What To Do When You Can't Get Pregnant,
Daniel A Potter and Jennifer S Hanin,
Marlowe and Co, 2005
ISBN：978-1-56924-371-8
提供夫妻各種現有療法與技術之資訊。

▎ Infertility Network UK
www.infertilitynetworkuk.com
提供建議、資訊與協助的公益團體

缺乏性趣 Lack of desire

▎ Reclaiming Desire, Dr Andrew Goldstein and
Dr Marianne Brandon,
Rodale International Ltd, 2004
ISBN：978-1-40506-719-5
討論各年紀女性的性慾低落問題。

▎ Rekindling Desire, Barry and Emily McCarthy,
Brunner-Routledge, 2003
ISBN：978-0-41593-551-7
為性愛關係疏離或甚至無性生活的夫妻所寫。

▎ When Your Sex Drives Don't Match, Dr
Sandra Pertot,
Fusion Press, 2007
ISBN：978-1-90574-521-0
幫助夫妻重新平衡兩人的性愛力。

按摩 Massage

▎ The Couples' Guide to Tantric Massage,
Anthony Litton,
Litton Publishing, 2006
ISBN：978-0-95527-920-1

Erotic Massage, Rosalind Widdowson and
Stephen Marriott,
Hamlyn, 2007
ISBN：978-0-60061-569-9

www.sexuality.org
線上提供有關性愛按摩的步驟說明。

更年期 Menopause

Menopause, Dr Heather Currie,
Class Publishing, 2006
ISBN: 978-1-85959-155-0
解答更年期婦女的實際生活問題。

Menopause, Dr Miriam Stoppard,
Dorling Kindersley, 2001
ISBN: 978-0-75133-426-5
如何維持健康與幸福生活的指導手冊，包括如
何維持活躍的性生活。

www.menopausematters.co.uk
提供更年期各方面資訊，包括書籍與期刊等。

兩人關係 Relationships

Better Relationships, Sarah Litvinoff,
Vermilion, 2001
ISBN：978-0-09185-670-0
改善伴侶關係的實用指南。

Stop Arguing, Start Talking, Susan Quilliam,
Vermilion, 2001
ISBN：978-0-09185-669-4
透過十個簡單的溝通技巧，解決爭執。

Relate
www.relate.org.uk
具有領導地位的英國公益組織，提供伴侶關係
之諮商與協助。

British Association of Sex and Relationship
Therapy（BASRT）
www.basrt.org.uk
提供諮商師的資訊與 建議。

Refuge
www.refuge.org.uk
諮詢專線：0808 2000 247
這是一個國家公益機構，專門協助家暴受害
者。

性愉虐 S & M

Screw the Roses, Send Me the Thorns, Philip
Miller and Molly Devon,
Mystic Rose Books, 2002
ISBN：978-0-96459-600-9

性愛與失能人士 Sex and Disability

The Ultimate Guide to Sex and Disability,
Miriam Kaufman, Cory Silverberg, and Fran
Odette,
Cleis Press, 2007
ISBN：978-1-57344-304-3

Outsiders
www.outsiders.org.uk
提供想重拾性生活的失能人士相關協助。

性愛治療 Sex Therapy

❙ British Association of Sex and Relationship Therapy（BASRT）

www.basrt.org.uk

針對伴侶如何在所屬當地尋找諮商師，提供資訊與建議。

性愛健康 Sexual health

❙ Family Planning Association（FPA）

www.fpa.org.uk

諮詢專線：0845 122 8690

提供有關性愛健康的建議與協助。

❙ NHS Direct

www.nhsdirect.nhs.uk

諮詢專線：0845 4647

提供疾病的成因、症狀與治療等詳細資訊。

女性性交障礙 Sexual Problems-Female

❙ Women's Sexual Health,

Gilly Andrews, Bailliere Tindall, 2005

ISBN：978-0-70202-762-8

內容涵蓋各年齡層女性的性愛、心理與健康問題。

❙ Vaginismus Awareness Network

www.vaginismus-awareness-network.org

對女性性交障礙提供詳盡的資訊，包括醫學新知、建議、不同治療的優缺點。

男性性交障礙 Sexual Problems-Female

❙ Coping with Erectile Dysfunction, Michael E Metz Ph.D and Barry W McCarthy Ph.D,

New Harbinger Publications, 2004

ISBN：978-1-57224-386-6

本書是關於處理勃起障礙的實用指南。

❙ The Sexual Dysfunction Association

www.impotence.org.uk

諮詢專線：0870 774 3571

針對不舉及其他性功能障礙提供協助。.

❙ Transgender issues

The Beaumont Society

www.beaumontsociety.org.uk

提供變性相關資訊的公益機構。

相關協助資源 Support

如果伴侶們只是偶爾對性愛提不起勁，問題或許不大，本書提到的很多建議應該會有幫助。但如果問題很嚴重，就請繼續往下讀。

在我們的社會中，為了性方面的問題去尋求協助，仍令多數人感到不安，他們或許覺得自己的問題太小、問題太嚴重，或實在是難以啟齒。其實，遇到困難就應該尋求幫助，畢竟時代跟以前已經大不相同了，許多話題不再禁忌，社會資源也越來越豐富。這五十年來，醫學與諮商療法都有大幅的進步，藉由治療身體的問題、面對並處理過去的創傷、不斷吸收新知、改善跟伴侶的溝通模式、修正不正確的態度，都可能挽救你跟伴侶之間岌岌可危的關係。

你或許會問，伴侶或夫妻是否該一起尋求協助呢？理想上是如此，但並非絕對。只要你們其中一方得到幫助，就能順便影響另一方。但不管是性愛障礙或是性愛本身，一個好的練習是：握著伴侶的手，陪她／他走過。不論是一起閱讀自助指南書籍或是去看諮商師，如果可以，一起參與會更好。

以下是一些有關尋求幫助的常見指南：

自助指南書籍

我最喜歡的書目都已列在「參考資料」部分。如果你想自己挑選，記得別買那些誇大不實的書，或作者本身和某些商業團體有掛勾的，或是標榜能為你創造奇蹟的書。

協助機構

大部分的性愛問題，都有相關的全國或國際性組織可以提供協助。比較好的協助單位能提供的服務包括：最新資訊、服務專線、患者諮商聊天室、成長團體、專家線上諮詢、執業醫師名冊，以及開辦訓練課程及研討會的機構。

幾乎所有聲譽良好的機構都有官方網站，詳細資訊可以查看「參考資料」。如果你要上網搜尋當地的機構，只要輸入問題名稱，再加上「症狀」、「治療」等字眼即可，出現在網頁最上方的連結，通常是比較適合的網站，位置比較下面的，品質可能良莠不一。要區分網站的好壞很簡單，和慈善公益團體有關的會比商業網站有用，再者，全國性或團體性的組織也比個人開業的醫師好。

諮詢專線

許多機構都有諮詢專線，但有些諮詢專線未必和組織性的機構有關聯，只是提供民眾匿名且即時的建議。它們能夠給予有效的資訊和短期

的情緒支持，但並不會有醫療診斷或長時間的深度諮商。

在撥電話之前，先把你的問題列出來，並列出你曾經接受過的治療，或已經嘗試過哪些努力。

健康與醫學專業人士

若要診療任何性愛問題，第一步就是先跟你的家庭醫生碰個面。因為你正面臨的性愛問題，有可能是其他身體狀況所造成的，或是治療該狀況的藥物所產生的副作用。如果醫生的態度不友善，或者會難為情，建議你換個醫生，就像買東西一樣，你得貨比三家。

面對面的協助

如果你的性愛障礙已排除是醫藥問題的可能性，或者你懷疑徵結點其實是個人的因素、或是無法建立親密關係，就得去找諮商師談談。有很多方法可以抽絲剝繭，找出你的問題所在。全國性的單位通常會有諮商師的名單，你的家庭醫生其實也會有。

最好先打電話給諮商師問清楚一些基本資訊，以及收費方式，接下來，就安排一場探索之旅吧。你可以評估他們的診療方式，適不適合你，診療師具備完整的訓練和資格固然重要，但是他對客戶（也就是你）的支持，才是讓治療可以成功的關鍵因素。

鍛鍊

許多諮商師不僅會跟你討論眼前遇到的問題，也會跟你暢談性愛，並且指派一些家庭作業給你，例如，要你或伴侶單獨或一起自慰，或練習「專心在感覺上」的技巧，重新學習如何觸碰與被觸碰；或是用一些實驗來控制男方的勃起或女方的高潮。

切記，任何諮商治療師或醫生，都不該要求你和他發生性關係，或是要你們在他面前性交，或是在沒有護士在場的情況下要你寬衣解帶。練習技巧是性愛諮商中的一部分，但是你只能在自己覺得舒適的情況下進行。

不論是翻書或尋求專家協助，最重要的是你是否能覺得自在。如果不是，不管這些協助資源有多麼權威、獲得多少稱讚、多值得信賴，你都應該試試其他協助管道。

誌謝 Acknowledgements

首先，我要特別感謝尼可拉斯‧康弗，自從我著手編寫他父親的這部作品以來，他就不斷給我支持和鼓勵。當然，還要感謝朋友與同事們的協助，讓這本書可以順利完成，特別是芭芭拉‧李維（Barbara Levy），謝謝她提供的專業支援與後盾；謝謝喬伊‧霍頓（Joy Haughton）的點子和聰明才智，還有蘿拉‧貝茲（Laura Bates）面對工作時的樂觀態度，以及源源不絕的創意；克萊兒‧布敦（Clare Button）搜尋資料的功力；柯林斯‧馬許（Colin Marsh）的大力相助；莎拉‧納哲札達（Sara Nazzerzadeh）充滿洞察力的跨文化專業意見；以及出版社的所有同仁們。

蘇珊‧薇蓮

並感謝下列人士：模特兒阿曼達‧李維林（Amanda Llewellyn）、化妝師阿里‧威廉斯（Alli Williams）、攝影顧問林奈‧伯朗（Lynne Brown）。

新性愛聖經 / 尼艾力克·康弗（Alex Comfort）、蘇珊·薇蓮（Susan Quilliam）作；
許佑生譯. --初版. --臺北市：大辣出版：大塊文化發行, 2008.12　　面；公分.
　　　　　-- （dala sex；25）譯自：The New Joy of Sex
　　ISBN 978-986-6634-07-9（精裝）　　1.性知識　　429.1　　　97017582